国际时尚设计丛书·服装

纺织品服装面料印花设计：

灵感与创意

［英］ 约瑟芬·斯蒂德（Josephine Steed）
弗朗西斯·史蒂文森（Frances Stevenson） 著 ｜ 常卫民 译

中国纺织出版社

内 容 提 要

　　这是一本关于当代纺织品服装面料印花设计的专业书籍，全书立足于灵感与创意，介绍了纺织品设计的概念、纺织品设计师的工作、职业规划、必要专业知识与技能等；同时从纺织品调研出发，讲解了调研工作的内容、工具、计划等，详细阐述了色彩、外观、组织结构、纹理、图案、绘画技巧、混合媒介、视觉表现等内容，并配有针对性的案例说明，其中不乏设计大师的作品与相关访谈，具有较强的启发性和借鉴性。

　　全书图文并茂，专业性、艺术性、实操性强，可作为服装类、纺织类、艺术类高等院校及职业技术院校的专业教材，也可供纺织品、服装企业的印花图案设计人员、开发人员和相关研究人员培训使用或参考。

原文书名：BASICS TEXTILE DESIGN 01. SOURCING IDEAS
原作者名：JOSEPHINE STEED, FRANCES STEVENSON

著作权合同登记号：图字：01-2012-5424

图书在版编目（CIP）数据

　　纺织品服装面料印花设计：灵感与创意 /（英）约瑟芬·斯蒂德，（英）弗朗西斯·史蒂文森著；常卫民译. --北京：中国纺织出版社，2018.8
　　（国际时尚设计丛书. 服装）
　　书名原文： BASICS TEXTILE DESIGN 01. SOURCING IDEAS
　　ISBN 978-7-5180-5042-0

　　Ⅰ. ①纺…　Ⅱ. ①约…　②弗…　③常…　Ⅲ. ①印花—设计　Ⅳ. ①TS194.1

　　中国版本图书馆CIP数据核字（2018）第100664号

策划编辑：李春奕　　责任编辑：李春奕　　责任校对：楼旭红
责任设计：何 建　　责任印制：储志伟

中国纺织出版社出版发行
地址：北京市朝阳区百子湾东里A407号楼　邮政编码：100124
销售电话：010-67004422　传真：010-87155801
http://www.c-textilep.com
E-mail：faxing@c-textilep.com
中国纺织出版社天猫旗舰店
官方微博http://weibo.com/2119887771
北京华联印刷有限公司印刷　各地新华书店经销
2018 年 8 月第 1 版第 1 次印刷
开本：710×1000　1/16　印张：11
字数：124 千字　定价：68.00 元

1
　在商业性的纺织品设计中，花卉图案运用广泛，是重要图案之一。设计师艾米·贝尼（Aimie Bene）致力于花卉图案的设计，这张图片展示了她利用电脑软件Adobe Photoshop 创作的印花图案，其设计极具动感，让人耳目一新。

第 1 章
什么是纺织品设计

第 2 章
纺织品调研

第 3 章
工具箱

标题

本书书名。

引用

纺织品设计领域里著名人物的相关思想和言论。

设计学之间的界限变得越来越模糊。当今，纺织品设计师大量运用其他类型的材料，常常使其作品面目一新，尤其是使用混合媒介的写生绘画技法，为纺织品带来了新的发展空间。

运用混合媒介，即指运用两种或两种以上的媒介进行某一作品的创作。运用写生绘画技法，设计师可以创造出各种不同的表面和纹理。创作时，还可以结合传统绘画媒介，例如颜料和画笔。

运用混合媒介，能够加强构图性，其相关方法很多，例如，可以对线条、色调、纹理、造型和结构进行巧妙运用，可以将传统材料与其他类型的媒介（如拼贴画、颜料、纸张结构和电线）结合使用，可以探究二维平面效果和凸起效果。

这里列出了一些常用的混合媒介运用技法。

拼贴

拼贴是将不同类型的材料组合在一起的方法。一幅拼贴画中可以包括各种各样的材料，例如报纸、杂志、彩色手工纸、照片、明信片以及许多其他可以找到的物品。

这是学生创作的拼贴画，运用一系列可以找到的剪贴材料制作而成。拼贴还可为绘画提供一系列的图案和表面效果，接下来可以进一步发展或绘画和设计作品。

"当今社会的发展日新月异，我使用的材料范围也发生了变化，从木头、板、塑料到金属都有。"

凯伦·尼克尔

拼贴练习

收集一系列可以找到的纸质材料，例如使用过的信封、邮票、纸板、旧裙子的图案样本、地图、报纸、公交车票或者购物小票等。

使用一张 A2（C）大小的纸，将你找到的物品汇集并粘贴在一起，同时，观察你的作品（尤其是绘画技巧）。思考你找到的这些物品的形状和相互之间的重叠方式。然后运用撕、扯和切掉纸张边缘的方法进行重新组合、创作。可以运用传统绘画材料来强化细节和色彩，使拼贴设计得到进一步拓展。

介绍

每个章节都是通过一小段的文字来进行阐述。

练习

用于帮助学生开拓思维、评估并检测自己的想法。

子标题

每一章都有若干小标题，便于读者获取信息。

文字说明

每张图片都配有文字说明，以讲解相关的设计或理念。

页眉

本书章名。

凸纹

要创造凸纹则涉及表面创作。可以通过分层规划和重叠拼贴材料创造凸起的表面。请采用不同的材料，例如，可以在一种材料的表面放上一张薄纸，这样材料的纹理、花纹或者色彩可以透过上面的薄纸显现出来。

10　　　　　11

10　这是学生的绘画作品，除了画纸还使用了牛皮纸和颜料。由于作品表面多使用了一种材料，因此凸显了绘画的色彩深浅和色调对比。

11　这是学生的作品，使用挖剪的方法创造出线型图案。由于是将大量的纸片重叠，因此作品富有层次空间感。

观察线条

在创作时，注意观察线条，并尝试多种方法，而不要总局限于平面"绘画"。使用缝纫机进行"绘画"是方法之一。线条也可以用于三维空间的创作，例如，可以选择一条易弯曲的电线，以便扭曲。

也可以试着使用解剖刀切割纸，从而创造重复的线条与图案。这种方法改变了纸的手感、外观与特性，使它变得松弛或弯曲，从而创造出各种凹凸效果。

作者提示

采用一些方法可以改变纸的外观与特性，这里罗列了一些，例如：折叠、弯曲、滚轧、扭曲、撕开、压皱、切割、粉碎、刻戳、刻痕、编织、压条、打孔、破碎等。

提示框

作者在提示框中提供了有用的信息。

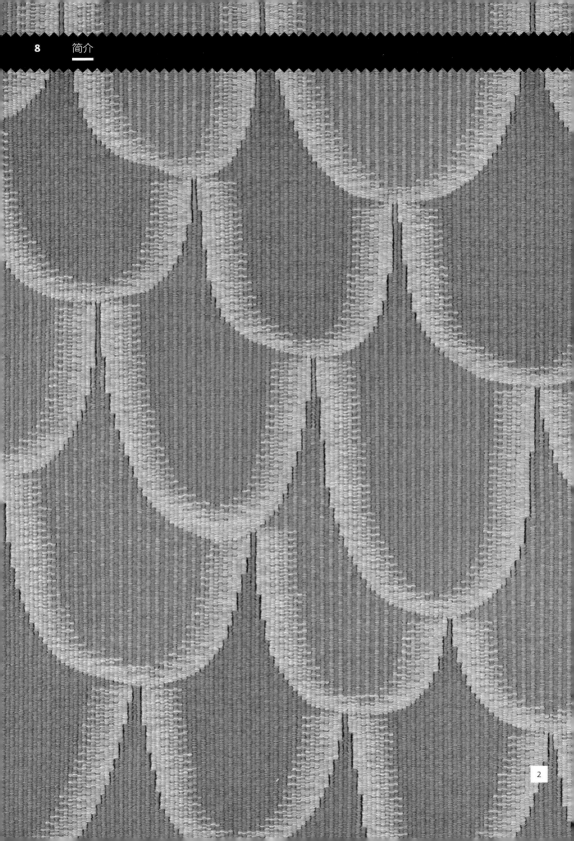

纺织品设计是一门应用广泛的学科，其设计范畴非常宽泛，从壁纸到服装都有。正因如此，纺织品设计与许多其他领域的设计互相关联、互相促进，如服装设计、珠宝设计和建筑设计等。

纺织品设计是一个实现创意的过程，从概念形成一直到最终的设计，这个过程往往都是始于调研和灵感收集阶段。虽然在收集灵感方面，纺织品设计与其他创意学科有一些相似的方法，但纺织品设计师往往通过一个非常特别的视角来观察和分析周围的世界。

为了使设计的纺织品与最初的灵感相符，纺织品设计师必须对调研和灵感收集的结果进行梳理，这是非常重要的。本书旨在介绍纺织品设计过程中各个重要阶段所需的基本技术。

本书提供了许多生动形象的案例和小练习，有助于读者为创作实践做好充分准备。本书具有一定的实用性和趣味性，希望你能感受到，也希望本书能激发你的灵感，并对你的创意研究和设计实践有所帮助。

2
这是蒂姆·格雷萨姆设计的挂毯，具有扇贝形的纹样，其组织结构和纱线质感令面料显得华美细腻。

"我喜欢用挑战的方式来看待事物。"

汉娜（Hanna）服饰

第1章

什么是纺织品设计

　　纺织品设计的调研方法与其他创意学科很类似，如服装设计、图形设计、珠宝设计和产品设计等。但是在应用纺织品时，需要设计师通过不同的视角来观察和探索周围的世界。为了帮助你更好地理解这一点，我们将纺织品设计视为一门学科，并且探究它与其他创意学科的区别。在本章中，我们将讨论纺织品设计师的工作，分析调研为什么非常重要，同时介绍设计师的作用和职责。此外，在谈到当今的纺织工业时，我们还会探讨纺织品设计专业的学生毕业时，有哪些适合的职业。

　　总之，本章不仅介绍了纺织品设计，而且向你展示了这是一个发挥个人创作兴趣、开展实践的专业领域。

1
　　这件服装来自马尼什·阿罗拉的系列作品。从中可以看出，纺织品设计是时尚界不可分割的重要组成部分。该服装的设计重点是印花图案，这既充分表现了设计的灵感和主题，同时也展示了颜色与纹样的合理布局。服装整体创作既独特又和谐。

　　纺织品设计一般是指用针织、机织、印花和混合面料进行创意设计的过程。纺织品设计师需要具备依据面料的类型进行设计创作的能力。除此之外，设计师也需要具备对纺织品进行改造的能力，使作品符合既定的要求，通常是符合顾客身体或特定空间的要求。设计师也需要了解当前的发展趋势、流行色和当代设计主题，从而使自己的设计位于时尚前列，并达到他们最终想要的设计效果。

2
　　这是一个学生的速写本，展示出了自己对当代针织设计师的调查。我们应当了解其他设计师在做什么，这是一项重要的学习工作，有利于了解纺织方法、技术和背景。

3
　　目前，纺织品已经广泛应用于室内环境设计。纺织品设计师应当准备好面料样本，以方便触摸和进行色彩搭配。

定义

下面介绍一些专业术语，从中可以了解纺织品设计师的重要作用。

人体　这个术语常常用于纺织设计领域。在时尚、配饰和服装领域中，经常会涉及面料设计，也常常提到"人体"这个术语，同时还会涉及健康、幸福、时髦穿戴等。

范围　纺织品设计的"范围"很广，包括环艺、室内、家具、交通运输业中的纺织品和材料设计。

纺织品设计师往往专注于某一类材料领域，如针织、机织、印花或混合材料，这样可以在该领域着重提高自己的专业知识和技能，并形成专长。当然，每一项专门研究都涉及不同类型的技术知识、设备和材料，同时涉及各种设计流程和方法。通常，印花设计师将工作重点放在织物的表面，而针织和机织设计师则倾向于按照一系列的创作流程来设计面料，这个流程往往以绘制草图、选择纤维和纱线作为开端。纺织品设计师也常常采用其他技术（通常是混合技术）来创造织物。纺织品设计师经常将混合技术与针织、机织或印花面料结合使用，但是混合技术本身就蕴含了独特的设计。

3

印花　通过压力或化学作用，使织物的表面呈现图形或符号。

针织物　针织物、钩边物及花边都是将纱线弯曲成连续的线圈，通过线圈与线圈的相互穿套而形成的。

机织物　机织物是通过经纱和纬纱在织布机上相互交错而形成的。

混合纺织品　混合纺织品可以采用多种技术制成，如缝合、刺绣、抽褶、黏合、毡化。

在各个细分纺织品专业领域中，设计师都是将调研作为设计的开始阶段。进行调研的目的是为了开发设计纺织品，设计师可以采取多种调研形式，但本质上，调研是信息收集、记录和分析的过程。一些调研技术相差很大，采用何种调研技术取决于设计师的类型。例如，作为一名印花设计师，也许着重收集与表面、形象、图案和颜色相关的信息；而作为一名机织或针织设计师，则可能关注的是结构、颜色和图案。

4

> "技术、创新、艺术、设计、传统工艺相互交织、不断发展，共同促进纺织品学科的发展。"
>
> 英国皇家艺术学院（伦敦）

纺织品设计师的任务

纺织品设计师的任务很多，在整个设计过程中，需要经常做出决定。对于大部分纺织品设计师而言，与潜在客户进行交流沟通是设计工作的开端。纺织品设计师常常采用口头陈述的方式，结合生动形象的情绪板与作品文件，与客户讨论设计理念，同时还会展示自己以前完成的设计案例，以此证明能够胜任该项目。这些也是自由设计师和室内设计师需要做的，他们应该向其团队的高级管理者和潜在客户明确表达设计想法。当然，在进行这些工作时，需要考虑趋势预测、成本、材料采购、市场销售和品牌推广等因素。总之，设计师的任务是多层面的，设计只是其中的一个方面。

传统的纺织品设计师主要将工作重点放在色彩、图案和面料的美感上，时至今日，设计师的工作已经得到了很大的拓展。伴随着新技术和新媒体的不断发展，现在的消费者和客户可以从一开始就参与到设计中。例如，在定制设计中，设计师不仅仅是一个设计者，也是一个服务者，或者说是一个协作参与者，需要与最终的消费者一起合作。可见，纺织品设计师的任务变得越来越复杂，也越来越有趣。

纺织品设计师的责任

在整个设计过程中，设计师需要考虑很多因素，其中主要有先进技术、消费者生活方式的改变、可持续性发展、环境问题等。而可持续性发展是设计师必须考虑的重要因素之一。当今，设计师应当考虑材料的来源，并思考一些问题，如：材料是否合乎要求？它们产于什么地方？在生产过程中应当采用什么流程？怎样才能减少浪费？产品的生命周期是多久？能不能回收利用？设计会产生什么长期影响？产品可以生物降解吗？这里只是罗列了纺织品设计师目前需要考虑的部分问题。

道德和环境因素也很重要，它们对设计师提出了新的挑战。如今，很多设计师都认识到他们所肩负的责任，即减少浪费，同时也意识到自己对环境的影响。越来越多的设计公司采用将环境和道德策略作为他们的品牌营销战略之一，以此激励消费者购买产品。

4

这是一个学生的思维导图，反映了他对当今很多社会问题的思考。学生在开始进行调研时，会利用思维导图来帮助自己确定工作的内容。

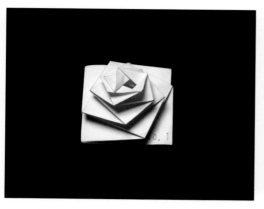

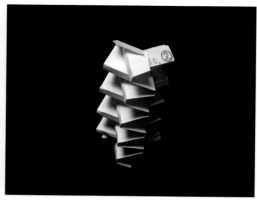

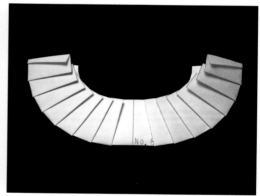

5

观察和感知练习

　　看看你周围，注意观察纺织品是如何应用于你所生活的环境中。要一边观察最终的成品状态，一边思考每一个制作阶段。在每一个制作阶段中，都存有一些关于道德和可持续性发展的问题，应当注意并做好笔记。

5

　　日本设计师三宅一生（Issey Miyake）的面料实验极具创造性和突破性，也为他赢得了荣誉。在他的132 5系列中，他采用可回收的聚对苯二甲酸乙二醇酯（PET）材料创造出一系列复杂而精致的折叠多边形，并将其转换为可以穿着在人体上的服装。

6

　　贝基·厄尔利向我们展示了其"物尽其用"印花设计，这种印花设计更加环保，使用了极少的化学品。众所周知，贝基·厄尔利一直恪守她的承诺——坚持可持续的环保纺织品，她率先利在回收的塑料瓶制作的仿毛织物上进行印花。

纺织品设计教育为我们提供了各种不同的就业机会。在前面，我们提到了针织、机织、印花、混合材料的独特设计和不同技术，下面我们将介绍纺织品设计领域中的各个专项职业。

工艺制作师

纺织工艺可以用于一次性的、委托的或者限量版的产品制作中，适用范围很广。工艺制作师经常独自工作，并且频繁地与他人一起举办展览，他们通过分享工作室空间来实现资源共享。

工艺制作师对其特定的利基市场有高度的理解，这些利基市场发展多年，致力于此的工艺制作师能够有针对性地提高自己的创作实践。工艺制作范畴也很宽泛，包括应用艺术、纺织品展览会、概念性纺织品、三维纺织品、配件及服装等范围内的工作。一些重要的工艺博览会每年都会在英国、欧洲和北美举办一次。

8

7
　　詹姆斯·唐纳德是一位苏格兰的织布者，他在自己的爱丁堡工作室里制作出精美的手工织物，他制作的纺织品兼具时尚性和内饰性。

8
　　这是工艺制作师弗朗西斯·史蒂文森（Frances Stevenson）制作的手工印花和涂画的作品。从事印花的工艺制作师需要足够的空间，以便设置混合染料区域、安放印花桌子以及遮挡用的屏风。

　　"手工艺既神奇又特别，它集技能、创造力、艺术性、情感、思想、制作过程、实用性和功能性于一体，是一种纯粹的表达方式。"

　　特里西娅·吉尔德（Tricia Guild）

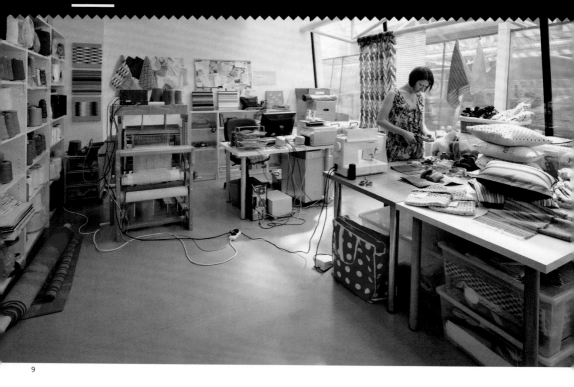

9

就职于工作室的设计师

对于大多数设计师而言，工作室无疑是首选的工作环境。工作室充满了创造性和实验性，也赋予其设计师或团队一种归属感和身份。当然，存在许多不同类型的纺织品设计工作室。一些设计师在商业设计机构的工作室工作，他们销售面料和设计图纸给大量的潜在客户，客户从高端时装屋到著名高街品牌都有。大多数时装和饰品公司都有自己内部的设计团队。许多设计机构会在大型的面料贸易展会上展示其工作室的设计作品，如靛蓝（Indigo）展会，该展会隶属于第一视觉面料博览会（Premiere Vision），后者是世界上最大的服装面料展会，每年在巴黎举办两次。

9

编织设计师安加拉德·迈凯伦（Angharad McLaren）在她的工作室内。工作室无疑是许多纺织品设计师的首选工作环境。

10

就纱线而言，设计师有很大的选择余地，可以从商店和纱线供应商处购买。学习针织和机织的学生需要学习纱线的相关知识，了解纱线的组合构成及洗涤处理后的效果。

11

这是一位纱线设计师为针织物和机织物制作出的若干卡片。有些卡片仅有细微的色彩差异。像这样，将纱线缠绕在卡片上，有利于设计师进行色彩的组合搭配。

纱线设计师

在纺织品设计领域中，纱线举足轻重，却常常被忽视。纱线设计中离不开纺纱设计，它可以使纱线符合既定的面料设计要求和目的。通常，纱线设计的重点主要集中于色彩上（色彩预测机构发挥着至关重要的作用）。应当注意，纱线中有很多是专用纱线，这些专用纱线常常是专为针织厂和机织厂生产的，也有专为纺织品市场的业余爱好者生产的，如手织毛衣者和工艺爱好者。世界上首屈一指的纱线和纺纱展览会——意大利国际纱线展（Pitti Filati）每年在意大利佛罗伦萨举办两次，在这个展览会上，纱线制造商主要面向针织和机织产业展示它们的纱线产品。

10

CAD/CAM 设计师

计算机服装设计和制作，也称为 CAD/CAM，现在是纺织业的重要组成部分。越来越多的纺织品设计师利用 CAD 来完成他们的设计，通过其他可兼容的计算机可以对这些设计进行复制。目前，许多 CAD 代理经销商雇用了纺织品设计师，让他们利用数码技术作为创意工具来实现设计灵感。通过数字化，设计作品能被传输到世界上其他地方进行生产。个别纺织品设计师还将这些技术应用于其他地方，例如通过社交媒体网站和论坛来接触他们的客户，通过自己的个人网站和电子商务网站来接触艺术家和设计师。

12

先进的纺织品图像中心工作室（CAT）位于英国的格拉斯哥（Glasgow），这是一家专门从事纺织品数码印花的设计机构，设计师在计算机上完成设计，然后再传输到数码打印机上。

13 & 14

这是蒂姆鲁斯·贝斯特斯（Timorous Beasties）设计工作室，由于设计的纺织品和壁纸具有超现实性和视觉冲击性而众所周知。该设计工作室采用传统的平板丝网印花流程，从而区别于其他工作室不同。在下面的照片中，我们能看到大印花版。

12

13

"技术推动设计，令设计更加神奇多彩和激动人心。如果没有技术，纹理、面料、壁纸等则很难实现。"

大卫·布罗斯塔德
（David Bromstad）

15

　　时尚预测大量应用于纺织工业中，为服装服饰和室内装饰市场传递时尚理念和资讯。一些公司根据这些理念和资讯，能够较好地把握下一季的系列设计方向。

16

　　这是一个学生的速写本，上面展示了他根据色彩资讯而收集的信息。学生，尤其是那些准备毕业后从事纺织行业工作的学生，需要从预测公司获取色彩资讯。

时尚预测员

时尚预测公司主要为服装和纺织工业提供关于风格、造型的时尚趋势资讯。在这些公司中工作的时尚预测员，通常是将工作提前两到三年，这非常关键，其目的是为服装和纺织工业提供下一季的主题、色彩和风格等时尚趋势资讯，他们服务的对象从纱线制造商到高街零售商都有。纺织品设计师非常适合在这种环境中工作。通常，时尚预测公司给定设计师一个主题，要求他据此设计生产面料，或要求他梳理时尚发展趋势的信息。

色彩预测员

色彩预测与时尚预测密切相关，甚至可以说形影相随。色彩是时装设计和纺织品设计的主要元素。准确预测色彩趋势是一项专业性极强的工作。目前，越来越多的行业开始使用色彩预测信息，而消费者也越来越关注设计。我们的手机、电脑、汽车的色彩设计，甚至商场的色彩设计和布局，都是依据色彩分析和预测数据而产生的。

纺织工业

当提到"纺织工业"这个术语时，我们通常指的是纺织品的商业化生产层面。当然，这个术语也包含了与服装和面料生产商相关的商业层面。纺纱工、染色工、面料整理工、辅料生产商和配件生产商都在为纺织品公司提供服务或产品。对于纺织品设计师而言，可以是一名为大型制造商工作的商业设计师；也可以是一名自由设计师，受特定公司或品牌委托，为其做系列设计。无论你最后选择在哪个纺织领域工作，你都应当了解纺织工业的运作。目前，一些相关院校与纺织品公司建立了良好的合作关系，从而推动了大量纺织品课程的建设。一些项目也很好，参与的学生常常可以获得从业经验和工作机会。

17
在纺织工业中，有很多工作，如纺纱、印染、面料整理、辅料和配件的生产等。对于纺织品设计师而言，了解纺织工业是至关重要的。

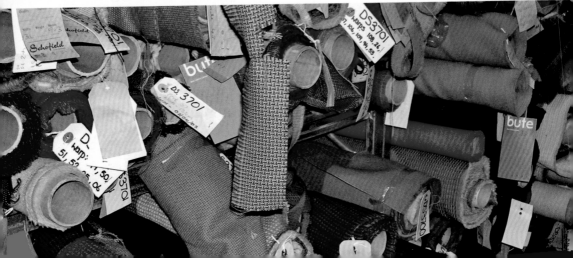

须藤玲子是 NUNO 公司的创始人之一，NUNO 是一家具有创新精神的纺织品公司，总部设在日本东京。须藤玲子也是一位知名的设计师，她设计的纺织品既融合了传统技术，又极具实验创新效果。在室内装饰、服装和艺术领域，她设计的纺织品极具颠覆性和革命性。她的作品在全世界展示，包括美国纽约现代艺术博物馆（MoMA）、波士顿艺术博物馆（the Museum of Fine Arts in Boston）以及英国维多利亚与阿尔伯特博物馆（the Victoria & Albert Museum in the UK）。

▶ 18

经不锈钢处理后，表面具有褶皱效果的涤纶织物

该面料来自须藤玲子的"金属"系列，用其他材料的细线织造而成。

▶ 19

水母型织物

制作这样的织物，需要在一个棋盘式的模型里将工业聚氯乙烯纤维织物（俗称氯纶，Vinyl Polychloride fabric）局部粘贴在涤纶蝉翼纱上。再经过光热处理，使得涤纶蝉翼纱粘贴的部位发生皱缩。由于面料具有热塑性，即使将聚氯乙烯纤维织物去除，涤纶蝉翼纱上仍然会保留这些褶皱。

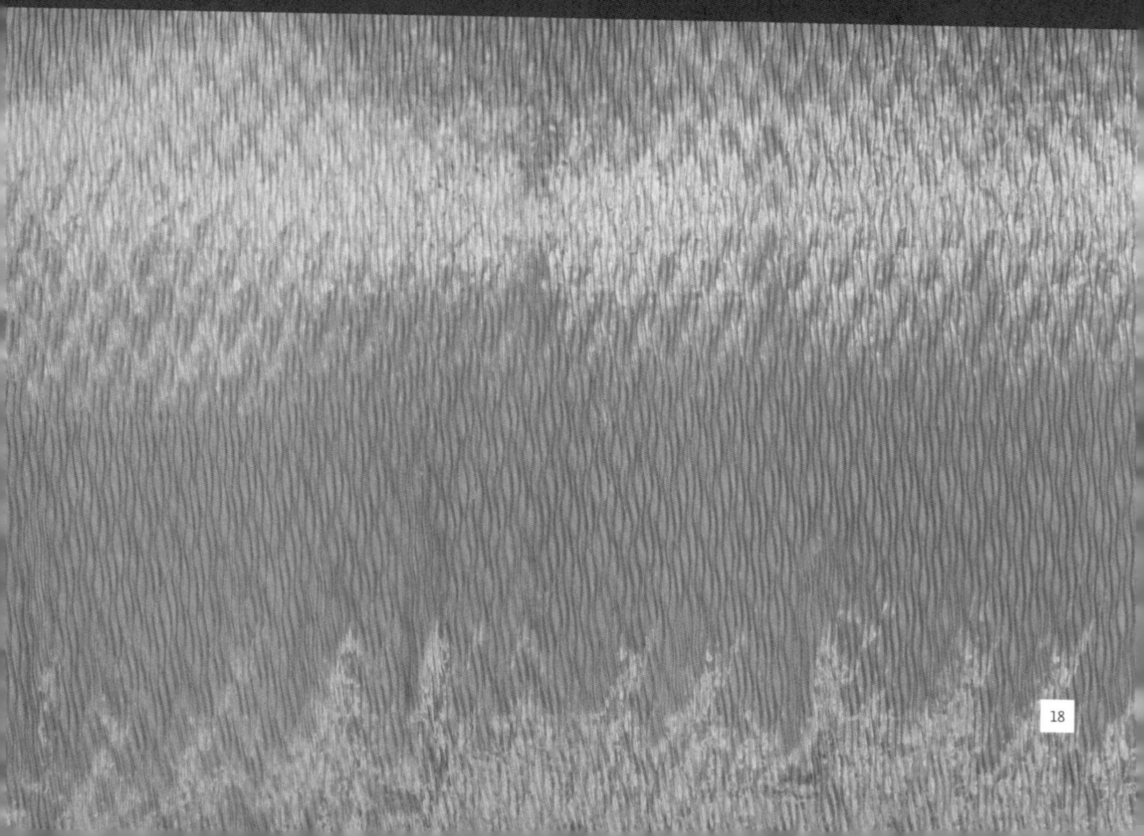

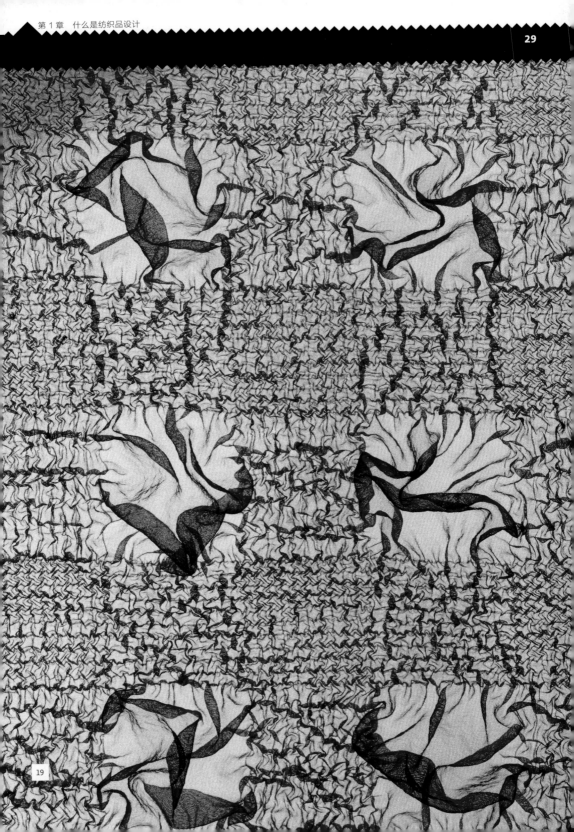

唐娜·威尔逊从事配饰和居家用品的设计与制作。这一切都源于她在伦敦皇家艺术学院学习时，喜欢创造柔软的针织作品。她创作的作品非常怪异，其灵感来自于日常生活中的一些古怪的东西和怪癖。有些作品体现了威尔逊朋友的特征，有些则体现了儿童画的天真烂漫。现在，唐娜·威尔逊收集的物品越来越多，包括家具和陶瓷，这些都是在英国制造的，她很热衷于英国的制造业和手工技术。

20
唐娜·威尔逊在她的工作室里。

21
这是从唐娜·威尔逊的工作室中挑选的一些针织作品，由她自己设计。

22
这是唐娜·威尔逊的针织手套，看上去有一丝古怪。

你是怎么开始的？

当我毕业并取得纺织品设计学位后，我就在一家针织公司任职，作为一名设计助理我工作了一年之久。之后，我回到伦敦皇家艺术学院继续学习，并获得硕士学位，这段时期我攻读的专业是纺织品综合材料。早在大学时期，我就开始自己制作产品并放在伦敦的商店里销售。开始，我制作的只是一些长腿娃娃，虽然采用的制作材料是可回收的针织套衫与明亮的羊毛绒织物，但却创造出了与众不同的洋娃娃。很快，我又对作品进行设计拓展，设计出非常规的针织作品，如两个头或者多条腿的作品，但是每一个作品都具有其独特性。我认为，作品越是独特，越有利于我的发展！在 2003 年，我以一台针织机开始创业，当然无论是生产产品还是销售产品，都非常少量。

你在哪里工作？

我在伦敦东部的工作室内工作，和我的团队一起，一共四到八个人。此外，还有四个外出工作人员，他们来往于英格兰南部的伯恩茅斯（Bournemouth）和苏格兰的奥克尼（Orkney）。

你工作室的环境如何？

工作室墙壁的接缝处有鼓起。室内放有圆锥形的彩虹纱线、针织机、一些古怪的设计作品和少量的毛毡物！室内布置没有一点规律，比较零乱，但我似乎就喜欢这样。我喜欢听音乐，这可以使气氛更好，多一点乐趣，并且使我与外面的世界有所接触。对我来说，自然光非常重要，因为我需要得出正确的颜色判断。

20

21

你能说说你设计的过程吗？你是怎样产生灵感的？

我喜欢在笔记本上画草图，并以此作为设计的开始。这些草图看上去是一些身小头大的卡通人物。我会先在纸上工作，确定我想要的设计形象后才开始进行编织。通常，编织的作品与图纸设计非常一致。偶尔我也会用一些废料和下脚料进行制作，有时候，这些作品也同样非常成功。如果是设计大型的家具物件，我会用橡皮泥先做一个模型，这将有利于我进行绘图。

你的调研从何处开始做起？

平时，我经常收集自己喜欢的东西，关注有趣的设计和图像。我也使用很多材料并亲手进行创作，就这样，一些灵感由此而生。我尽量多逛一些商店，多阅读一些时尚杂志，我认为这是非常重要的。

你能描述一下从开始到完成的设计过程吗？

我不太倾向于过度的高度安排、组织。对我来说，设计是一个非常自发的过程。我认为，设计应当从观察调研、收集图片、启发灵感开始，然后是制作主题板、选择材料、对材料进行试验、绘制草图、制作样品、调整完善，直至达到想要的效果，最终完成设计。现在，我更多地在电脑上工作，这只是因为它是一种让我更加快速完成设计的工具，当然坚持手绘也非常重要。我常常思考用各种方式来制作我的作品，实现设计。例如，这个部件是采用手工制作还是机器制作？或是向制造商购买？

什么启发了你？

我喜欢斯堪的纳维亚（Scandinavian）的唯美和苏格兰的风景。我在苏格兰的农场长大，我成长的环境和周围的事物启发着我，是我灵感的源泉。这也影响了我运用纹理、色彩和造型的方式。我早期工作时，就常常从农场风景的色调和纹理中汲取灵感。

什么事情或者什么人对你的工作影响最大？

我早期受到亚历山大·吉拉德（Alexander Girard）的影响，他是意大利籍美国人，一位已故的纺织品设计师。我喜欢他设计的颜色和印花纹样，他还在不同的媒体工作过，我十分钦佩。

我喜欢朱莉·阿凯尔（Julie Arkel）王国里的小人物，我还观看过关于连体婴儿和巨人症的纪录片，这些都是我设计的灵感。

我的童年在乡村度过，一直以来这对我的工作产生了巨大的影响，给予我很多感受和灵感。乡村地域广阔，景色清新自然，启发着我对材质和自然形式的运用，让我受益匪浅。

你至今最大的成绩是什么？

我想，也许是《家居廊》（Elle Decoration）杂志颁发的2010年度英国设计师大奖。

22

...buildings are not often ~~with affection, which makes it all the more surprising to see how appealing they can look~~ used as decoration on...

think of

...buildings are decorated with ~~...~~ coloured plates buildings by the likes of Ernö Goldfinger and Peter and Alison Smithson. Their collection also includes notebooks and tea towels, and they will create pieces to order (from £6; www.peoplewillalways needplates.co.uk).

display ing my work.

Ella Doran uses photographs of details of everyday objects as prints for tableware and textiles. Her humorous Brick Wall blind is a play on a city dweller's "view" of another building (from £150, to order; www.elladoran.co.uk).

For spring, Habitat has employed Nigel Peake to perk up its picnicware with his urban-inspired drawings scrawled across a range of melamine platters, beakers and trays (left, £15). Having spent six years studying architecture, ~~...~~ talents to illustration, but references his building background in his work. "I am ~~archi~~tectural things, but without them being directly architecture, ~~ab~~out 80 to 100 buildings — inspired by Shanghai and New York — then collaged ~~to~~ make each design 'site specific' to the object it was for." ~~dense~~ly built-up world, beautifying street life is recognition of the way we live now — ~~celebra~~tion of it.

NEW BUILDS

1 We do love a cheap'n'cheerful accessory that lets you try out a trend. This Sainsbury's Cityscape mug fits the bill.

2 The artist Sharon Elphick prints her photographic montages of buildings on canvas, Perspex or glass. *Technicolour Towers; www.sharonelphick.com*

3 Alice Mara seals photographic transfers of buildings she likes onto plates, bowls and cups. The images complement the form of the vessel and vice versa. *Building oval dish; www.alicemara.com*

"It's always nice to have a good "stuff" shop on ~~y~~our doorstep, and Horsfall & Wright is my local ~~ho~~mes "stuff" shop. Among its many well-sourced pieces is a range of linen cushions, embroidered with images of some of London's best-loved buildings, by Snowden Flood. *Tower Bridge cushion; www.horsfallandwright.co.uk*

1 £2

2 £790

3 £350

4 £60

Childrens Clothing 'PWANP'

← Nigel Peake

'People Will Always Need Plates' 1

第**2**章

纺织品调研

　　学生对纺织品设计进行调研，可以掌握纺织品的相关知识、功能、用途及行业背景。纺织品调研的内容很多，既包括纺织品的审美元素——如色彩、质地、表面肌理、结构和图案等视觉或触觉审美元素，也包括面料或纺织品材料的运用。调研的纺织品可以仅仅是某一领域或具有某一用途的纺织品，如可以穿着的纺织品、面向国内市场的纺织品、用于商业或工业的纺织品，或者仅仅是一种打破领域界限的新材料，如与科学或电子工业紧密联系的跨界新材料。

　　为了设计纺织品，学生必须提高自身的能力，积极了解周围的世界，同时关注那些启发他们进行纺织品创作的事物。为了更好地分析周围的环境，并合理应用各种元素，需要考虑人们在视觉、触觉和评判方式上的认同。

1

　　这是一个学生的速写本，展示了他如何产生、收集和分析的灵感。这些灵感来源于一系列的建筑物和平面设计图形。

设计师的调研工作是什么？这个问题没有明确的答案，可以是一切事情或任何事情！纺织品设计师像其他设计师一样，对周围的世界充满好奇。他们探索新理念，渴望创作灵感，以促使自己创新产品或设计理念，并希望自己的产品或设计理念对使用者来说，既实用美好，又鼓舞人心。

寻找灵感的地方

历史上许多著名的纺织品设计师，如威廉·莫里斯（William Morris），喜欢从大自然中汲取视觉灵感。莫里斯利用自然原料来制作天然染料，并以此来印花和染纱。在其大部分设计作品中，莫里斯都采用了植物靛蓝染料，从而有效推动了植物靛蓝染料的运用，使其商业用途得以复苏。在纺织品设计师的成长发展过程中，对当代或传统的纺织品技术（如印染技术）进行调研至关重要，它能够指引设计师的工作方向。

伴随着时间的推移、文化的发展，我们的生活环境也在不断变化。这些都促使设计师不断改变，并使自己区别于其他设计师，正如世界上的一草一物都在发生着变化，如植物、自然形态、色彩、光线、建筑的形式和材料……都在变化。纺织品设计师既要探索纺织品的内涵和行业背景，也要研究纺织品的使用方式，在此基础上，思考与设计领域息息相关的事物。

目前，纺织品设计师关注自己的"自然环境"——包括城市和乡村景观。他们从各种事物中汲取灵感，并采用不同的方式去观察和反映周围的世界。他们采用视觉化和经验化的方式记录周围的世界，并以此进行设计、开发。通常，能看到的色彩、图形、造型、结构和材质都可以作为永恒的灵感来源。

2
这是学生的作品——植物。学生需要仔细观察并采用多种方法才能绘制而成，观察绘图（属于主要调研工作）是一个好方法，可以有助于你认真细致地观察物品，并从不同角度去绘制。

3

4

5

6

3　　这是一个学生的混合抽象拼贴画，仍然来源于生活（属于主要调研工作）。

4　　这是杂志的精选汇集（属于次要调研工作），告诉你应当去调查不同领域的设计师在做什么。

5　　这是一个学生的速写本页面，是关于建筑的写生绘图，采用混合绘画技法绘制而成（属于主要调研工作）。

6　　这是一个学生的速写本页面，表现了植物的形式，采用颜料、钢笔并加以绘制、拼贴而成。

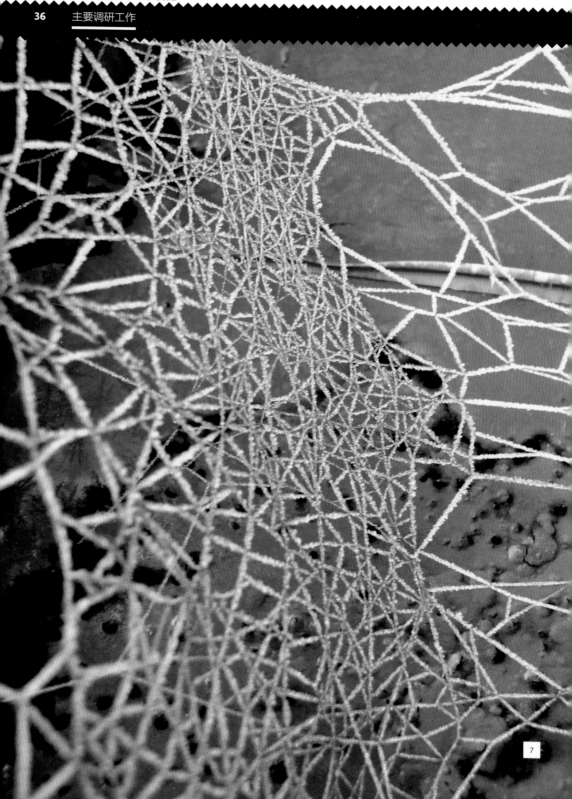

主要调研工作针对的是：我们发现和体验的事物、地点或者情况，例如你看到、听到或者感受到的事物，或是你"还未发掘、探索"的事物。在调研的过程中，纺织品设计师可能会发现一些事物、信息，并通过素描、绘画、制作标记或摄影的方法记录下自己的所见所闻。其实，旅程本身可以成为你调研的一部分。主要调研工作的形式比较直接，要求你对周围的环境敏感，同时还要具备一定的纺织品知识和专业背景，知道如何收集信息以及收集信息的目的。

主要调研工作还包括与他人进行会谈和采访他人。例如，设计师倾听别人的故事，可能会联想到情绪、颜色、纹理和感觉。这些可能恰巧与设计师曾经的经历相关。参加节日或嘉年华活动也属于主要调研工作的内容，可能会让设计师产生或感受到幽默、开怀、严肃或颓废的情绪，也许这就是设计师希望在自己的作品中抒发和表现的情绪。

对于纺织品调研工作而言，主要调研工作最为重要，因为它为设计师提供了重要动力。简单地说，主要调研工作能激发设计师的积极性，使他们渴望设计。

主要调研工作的内容

纺织品设计师经常收集自己看到和触到的事物。通常，他们尽可能地收集启发其灵感的事物，以便在工作的时候能够回想起来，这是调研工作的主要内容。这样做有三个好处：第一，这些事物是他们的灵感源，而且是可以看到的灵感源，能够激发设计师思考和借鉴颜色、质地等；第二，观看这些灵感源，可以使设计师产生一些生理感受，如凉爽、粗糙、光滑、轻重等，启发设计师进行创作；第三，拥有灵感源（可能是一个物体），有助于纺织品设计师回想起曾经的经历和感受。这些都是非常重要的，因为感官经验会影响设计师转化灵感的方式，并帮助设计师形成和完善自己的设计理念。

作者提示

你一定要随身携带好绘画材料、工具等。你可以带上一个小的、易携带的工具包（或工具箱），里面放置不同的工具和材料，这是一个不错的想法。同时还要准备一个小巧的速写本，以便快速画草图、记笔记和写下自己的灵感，并收集你感兴趣的东西。

7　摄影是捕捉视觉信息的好方法，尤其是对那些不会持久的视觉图像而言。如左图所示，图片中的网线织物非常脆弱，但是其结构、颜色和图案都被成功地记录保存了下来，以作备用。

8

视觉图像调研

　　设计师进行视觉图像调研时，要注意看待事物的严谨性。这听起来很容易，但是比你认为的要难得多，因为它取决于设计师是否能利用所有的感官去全神贯注地观察调研对象，是否能从容地面对和反映这些调研对象。例如，在一个繁忙喧嚣的街道上，天空阴暗，周围是现代摩登的建筑物，在这种情况下要求设计师进行快速表现和创作。设计师可以用较粗的马克笔进行绘画，描绘出城市的色彩，力求反映

街道中的物体运动及其速度。设计师应当全身心地去体会环境带给我们的感受和情绪，从而在自己的作品中加以反映。

　　你也要关注周围的环境，注意各种细节。例如，当我们想起繁忙嘈杂的街道时，可能会联想到一棵灰暗的、光秃秃的、没有绿叶的树木，散发出一丝挑衅、冷峻。你可以决定，这就是你关注的重点并开始捕捉对象，刻画城市景观中树木的力度、体量和孤独。你应该仔细挑选绘画材料，这有助于表现场景、渲染情绪，例如，浓黑的炭笔就不错，能够产生较好的效

9

果，增加强烈对比度。

　　你也可以一边观察树木，一边沉思。树木在此生根发芽，并不断生长、分枝。也许，你对树枝和树皮的纹理感兴趣。无论你关注哪一方面，仍然要注意整体情况。

　　对设计师来说，视觉图像调研非常关键。设计师对所见之物要有好奇心，这很重要，有利于在设计开发的过程中充满动力和热情。

8

　　这是一个学生的画作，采用墨水和漂白剂来塑造独特的纹理。切记，一定要选择好材料和工具，以便体现你的灵感源，表达你的情绪。

9

　　这是一个学生的街景速写。有时，面对特定的场景，需要我们快速创作。速写有时非常有效，通过这种方式，我们可能迸发出一些关于图案和主题的奇思妙想，受特定场景的启发，我们还可以对这些奇思妙想进行发展、完善。

观察技巧

要经常留意那些可以用来开发纺织品的信息，但不必按照传统方法去画"图"。你应当把调研视为信息收集的工作，这非常重要，有利于调研工作的开展。

你可以把调研纸当成工作单，可以在上面记录有关的形式、形状、有趣的表面、图案或颜色等。你也可以有不同的尝试，思考各种观察方法。可以近距离地观察调研对象，也可以借助一面反光镜去观察，这是两种不同的方法。应当从不同的角度去观察调研对象，也可以采用摄影，然后再审视分析。现在，你要充分发挥你的想象力，以便每一天都能发现潜在的调研对象。

把自己看成一个探索者，而且是第一次去观察调研对象的探索者。对那些你熟悉但没有仔细观察过的地方，再去走走、看看。当你停下来并花时间观察的时候，你就会发现一些细小的变化，例如白色墙壁上似乎出现了微妙的颜色变化；又如树上的每一片叶子都形状不一，富含变化；再如阳光照射在百叶窗上，呈现出丰富的阴影图案。

纺织品设计师每天都应当观察周边的环境，尤其要关注那些特别之处，从中寻找、探索潜在的设计，这也是纺织品设计师需要具备的能力。

10

尝试收集各种纸张和不同材质的物品，组合成混合材料，这属于调研工作的一部分。右页图是学生的抽象拼贴画作品，使用了陈旧的乐谱、报纸、纹理纸、墙纸、包装纸和花瓣。

"我可以一直观察一个昆虫，审视它们薄如蝉翼般的翅膀和外壳上的柔软纤维。"

麻纪佳穗里（Kahori Maki）

11

　　这是一个学生的写生作品，使用的绘画工具是黑色的墨水和水彩笔。黑与白的画面，呈现出强烈的对比和反差，是一种典型的图案表现方式。

12

　　这个学生的作品使用了乳白色的纸，创造出一种更加温和的色调效果。记住，一定要认真考虑和选择绘画工具和材料，因为它们会影响绘画的效果。

"**H**ow long is a pie**Ce** **O**f string?"
- one of those questions that almost begs to be
answered... is there **A**n answer?
ⓐ to take the Metaph**O**r more **LI**terally, it has
been made possible to find the approximate
length of **A** pie**Ce** of string.

TECHNICALLY....

  A pie**Ce** of string can **B**e no less than
1/4 of an inch or its Ju**S**t **A** sample of string
and no more than
100 foot or it **S**technically a reel of
string...

Apparently a typical pie**Ce** **O**f string is between
one and eight foot... making the average around
3 ft **6** ins.... I PERSONALLY DONT THINK THERE IS
ANYTHING WRONG WITH HAVING A
QUESTION UNANSWERED...
the fact that this unanswerable question
can be answered makes me wonder,
IS This an UnAnswer**ABLe** QUestion?

taking the metaphor into consideration... I began by researching 'string art'
who use string as their metaphor also. 'Feathered edge' by Ball-Nogues Studi
of using very little material to create big impa
the metaphor 'how long is a piece of stri

次要调研工作主要指从图书、杂志、电影以及他人的设计作品中收集信息。次要调研工作非常重要，可以帮助设计师获得自己难以发现的信息，例如在显微镜下看到雪晶，又如观察动脉如何分支、如何流过人体。通过次要调研，设计师能较好地理解一些装饰设计理念，同时还能了解纺织品设计的背景。次要调研，也被称为脉络调研。然而，绝不能将次要调研作为获得视觉灵感的唯一源泉。如果你出去看看，亲身体验一下，你可能会得到更多的启发和感受，毫无疑问，这将对你的视觉表现理念和方式产生影响。

博物馆是开展次要调研工作的最佳场所之一，馆中陈列了大量的文化藏品供人观赏。但是，你绝不能从一个灵感源中简单地复制设计品，这至关重要。作为一个纺织品调研者，你的工作是去辨别和寻找未被加工过的来源，然后发展为你自己的设计作品。多留意其他文化艺术，观察图案、组织和纺织品结构中的技术，这会对你非常有帮助，不仅要开展调研，还要梳理整合信息，从而以自己的方式去运用这些调研信息。

14

13

这是一个学生速写本中的一页，上面有文字概要，可以看出学生经过了深思熟虑。文字概要中提出一个问题："这根线有多长？"学生必须认真思考这个具有隐喻性的问题，并且采用图文结合的方式回答问题。这个学生浏览了其他设计师的作品，从而帮助自己思考问题，构思设计方案。

14

这是一个学生的设计板，上面展示了他所调研、收集的 DNA 科学信息，同时也梳理出了一些相关的图案构成。

15

贝基·厄尔利是一个纺织品印花设计师，经过实践和学术研究，她创立了全新的持续性纺织品概念。她身兼数职，不仅投身创作实践，还著书、授课、从事经营管理、提供指导咨询。她拥有自己的商标"B.Earley"，目前在伦敦艺术大学（the University of the Arts，London）工作，担任纺织品期货调研中心的主管，也是切尔西艺术与设计学院（Chelsea College of Art and Design）的一名高级讲师。厄尔利的方法是建立在思考和实践基础上的，力求探索可持续性的设计，寻找灵感、推动创新和改变。她工作的形式灵活多样，阅读、聊天、观察和倾听都是。厄尔利不仅采用全新、可持续性的印花技术，同时还关注绘画、摄影、戏曲和电影，并将它们作为自己重要的灵感来源，她也因此而闻名。

▶ **15**

这是贝基·厄尔利工作的场景。厄尔利喜欢在设计作品中采用强烈对比的元素，她致力于可持续性发展的纺织品并因此而声名远扬。1999 年，在生产一些纺织品的过程中出现了有毒废物排放的问题，局面比较混乱，针对这种情况，厄尔利开发了"浸染印花"方法。浸染印花和浸染染色一样，对每个批次的生产都重新利用原来的印染溶液，因此，化学品得到了循环利用，同时也最大可能地减少了废物排放，降低水污染。厄尔利还开发了一个"热黑影照片"的方法，在面料上进行印花。一直以来，摄影在她的设计中具有重要作用。

▶ **16**

贝基·厄尔利设计了很多印花衬衫，这是其中的一件。这些服装来自于纺织品回收工厂，采用了可持续性的印花方法。厄尔利有时候也改造衬衫，创造新的廓型。她不断地寻找新的再利用材料和底布，思索全新的色彩组合。

18

J.R. 坎贝尔是美国俄亥俄州的肯特州立大学（Kent State University）时装学院的教授和主任。他既是一位教师，也是一位设计师，拥有双重身份，坎贝尔喜欢运用数码纺织设计技术进行调研并创作艺术设计品。

始申请基金、开展研究并运用数码纺织印花技术创造艺术品。在爱荷华州立大学，我得到了终身职位并被提升为副教授，之后，我决定去苏格兰的格拉斯哥艺术学院（the Glasgow School of Art）工作。

你是如何开始的？

我在加州大学戴维斯分校（the University of California at Davis）先后获得了环境设计的学士学位、纺织品与服装设计的艺术硕士学位。随后，我开始在一些场所展示我创作的纺织艺术品，并在旧金山三所不同的艺术院校——艺术学院（Academy of Art）、时尚设计商业学院（FIDM）、国际艺术学院（Art Institute International）任教。然后我获得了爱荷华州立大学（Iowa State University）终身任教的职位，这使我有机会开

你工作室的环境如何？

我的工作室里堆满了各种面料样本，包括一些准备印花的面料。此外，还有一些电脑，一台宽幅数码印花机，一床 60 英寸的激光切割机，一对熨烫设备，十五台绣花机。当然，还有工作室的员工，可以提供相关的数码时尚服务。

你能谈谈你的设计过程吗？你是怎样产生想法的？

在我的工作中，有两点一直很重要，也是我的兴趣所在：第

一，采用视觉化的方式讲故事；第二，力求表现方式形象生动，促进数码工具在纺织品中的运用。尽管最初我在传统的纺织品设计上投入较多，但是我现在既设计纺织品，又研究产品的概念，往往同时进行。数码工具已经运用于终端产品的创作中，这大大促进了我设计纺织品的方法。有时我从自己的摄影作品、速写作品或者数码插画中汲取灵感，根据服装结构进行印花图案设计。

你为什么进行调研？为什么它这么重要？

我之所以进行调研不仅仅是使自己了解相关的使用工具和材料，而且有助于我正确认识工具和图案的结合，从而探索有创意的实践和商业模式。简单地说，我对发展纺织服装工业很感兴趣，也对各种媒介工具十分着迷。

17

你调研的主要来源是什么?

我阅读日报、新闻报、大众商业类杂志以及学术期刊,从中可以获得大量相关的论据,以论证技术在纺织品中的作用。为了创作艺术设计作品,我会到处走走看看,我经常去旅行,留意各种物质的材质和图案构成。

你是如何开始调研工作的?

我问我自己,接下来想说什么,我的工作通常受观念驱动。

什么事情或者人对你的工作最有影响力?

我一直深受杰克·兰诺·拉森(Jack Lenor Larsen)、罗伯特·斯图尔特(Robert Stewart)、蒂姆鲁斯·贝斯特斯、罗里·克莱顿(Rory Crichton)、新井淳一(Junichi Arai)、安娜·丽莎·赫斯特洛姆(Ana Lisa Hedstrom)、和田良子(Yoshiko Wada)、罗伯特·赫尔斯特德(Robert Hillestad)、克里·麦昆·金(Kerry Mcquire-King)以及我要好的合作者、同事珍·帕森斯(Jean Parsons)的作品的影响。

迄今为止,你最大的成就是什么?

不知道! 有时候我因为自己的作品获奖项而感到惊讶。我真正感觉成就的是我为 2007 年邓迪(Dundee)的"新工艺的未来之声"会议创建的一件作品。这件作品名为"穿着的扭曲空间",极好地诠释了我的创作体验,我将数码技术运用于纺织品设计中,既表达了服装与环境之间的关系,也传递了关于人体空间的一种看法。

对那些想从事纺织设计的人,你有什么建议吗?

追随你的激情,经常想想你五年后将会在哪里,并据此作出每一个决定。

17　这是查尔斯·伦尼·麦金托什(Charles Rennie Mackintosh)的作品——指纹图谱和服。其面料采用了数码印花的真丝缎和斜纹布,这是两面穿的和服。

18　这是数码印花的棉绒面料。"麦金托什对菊花图案进行了重新诠释并加以重复、组合"。

19　这是作品——变形:伊卡洛斯二世(Icarus Ⅱ),即一件采用数码印花的电力纺服装,是设计师 J.R. 坎贝尔与珍·帕森斯合作设计的。

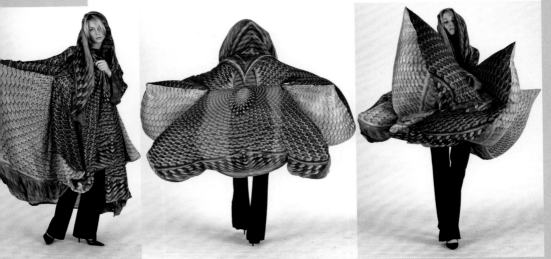

工具箱

　　本章将讨论调研纺织品设计时应该考虑的事项。无论是主要调研还是次要调研，设计师都需要考虑各种形形色色的工具箱，深入了解不同的调研方法。调研应该贯穿于设计师的整个工作流程中，以确保从设计到产品的整个流程顺利、符合要求，富于创新，令人振奋。对于市场产品而言，调研是任何设计创作的根本依据。在提高设计师自身的幸福感方面，调研也发挥了重要作用，因为通过调研，设计师扩展了知识面，发现了新事物，开阔了新视野。纺织品调研的范围较大，在设计、生产的每一个阶段，都可以针对材料和形象化处理进行纺织品调研。此外，设计师应当注意环境、材料以及视觉效果等因素，采用全面妥当的设计方法，这至关重要。

1
　　为纺织品设计师列出的工具清单可以有很多种，无法细数。使用什么样的工具，怎么使用工具，这完全取决于你自己。

主要调研工作是学生收集信息的关键，因为所收集的细节、信息将用于纺织品设计中。要从两个方面了解主要调研工作，首先，主要调研是视觉方面的调研，这就需要你去看、去关注那些你感兴趣的东西。例如，陈旧的墙漆因老化而开裂、脱皮，但其中蕴含着丰富的色彩、表面纹理和图案；又如，错综复杂的脚手架和正在建筑的工事，可能带给你有趣的结构和形式。调研的对象可以是你觉得有潜力发展为纺织品的一切事物，当然，一定是呈现出丰富视觉信息的事物，而对整个调研工作起重要作用的则是调研者自己。当你观察周围环境时，看到这些具有丰富视觉信息的事物一定会兴奋不已，一定要关注并汲取其中的信息，如纹理、形式、图案、结构和颜色等。对你看到的事物，要尝试去分析，因为这种能力需要实践才能提高。当你变得越来越有经验时，就会发现，你随时随地都在观察、分析信息！

其次，主要调研也是对行业环境的调研，需要你身处纺织业去观察、思考和探索纺织品的世界。涉及的内容有面料的处理和运用等，既要观察面料，也要观察相关人员。这样，你将学到很多知识，也会对面料有所认识，如了解面料的作用、悬垂性、褶皱性等，了解人们怎样使用面料以及与之有关的生活状态。记住，你正在为人们设计产品，作为一名设计师，你必须思考这些。

2

寻找、发现和记录环境中有趣的图案，这就是主要调研。下图中的这些瓶盖显示出了非常独特的图案、纹理和颜色，这是三个非常关键的设计要素，纺织品设计师可以就此进行创作，设计作品。

3

这是一个学生的观察报告单，展示了自己如何进行最初的设计来源调研。这个学生已经对颜色、图案、轮廓和水墨画形式进行了思考。像这样的报告单能够为设计作品的创作提供一个好的开端。

2

3

速写本

速写本是你必备的最重要的工具！速写本有许多开本和形式，从小尺寸 A5（148cm×210cm）到大尺寸 A2（C）都有。速写本的装订方式有多种，如精装装订、螺旋装订，或者仅仅是上部松散固定以便取出纸张。你可以根据自己的使用习惯来选择速写本的大小。例如，你是否想经常带着它，以便随时记录你的想法和观察到的东西？如果是，A2（C）尺寸的速写本可能就太大了，不方便。你是否想要从速写本中取出纸张？如果是精装的速写本则不合适。在你购买速写本之前，想想你将怎样使用它，买一个适合你的速写本，即选择符合你工作方式的速写本。

请将速写本作为你创作的伴侣。你可以采用绘画的方式记录自己观察到的视觉信息，并写下你的想法和观察结果。如果你从艺术家和设计师那里受到启发，也可以将与他们相关的信息记录下来。记录的信息可能是展会上的明信片，也可能是关于颜色和环境资源的信息。速写本是一个很好的创作工具，通过它，你可以不断回顾之前的调研，同时又继续向前推进你的调研和设计。

绘画工具

为了较好地表现调研对象，在你开始绘画之前，一定要注意绘画工具的选择，这至关重要。换句话说，你必须将调研对象与工具结合起来思考，并且选择最合适的绘画工具。按照下面所提到的去思考你的调研对象，这会对你很有帮助：这个调研对象是易碎的吗？结实吗？透明的还是不透明的？色彩鲜艳丰富吗？接下来选择工具与材料，所选的工具须有助于你表现调研对象。例如，想象你正在观察一个具有银色光泽、结构分明、有棱有角的物体，其造型尖锐，表面整洁，色彩明度高，具有反光效果。你将用什么去绘制它？油漆？炭笔？铅笔？墨水？或是采用拼贴方式？你必须考虑绘画对象的特征，例如它是固体的？它反光、锋利吗？要根据这些特征来选择工具，以便最佳地表现、渲染这些特征。软木炭笔可能太轻、太细了，无法画出鲜明的色调、锐利的边缘、坚固结实的体量感；而硬黑炭笔则能够很好地表现这些特点。对自己所见之物一定要花时间去思考，当你绘画时，一定要分析所画事物的特征，以便选择最合适的绘画工具。

4
你应当从自己的工具箱里选择合适的工具进行绘画，当然这需要仔细思考，因为合适的工具利于形象化地表现调研对象。你需要花时间去思考，如何最好地转化你的信息源。不要总是选择你最得心应手的工具，要利用你最初的调研绘画作品，多做尝试和实验。

4

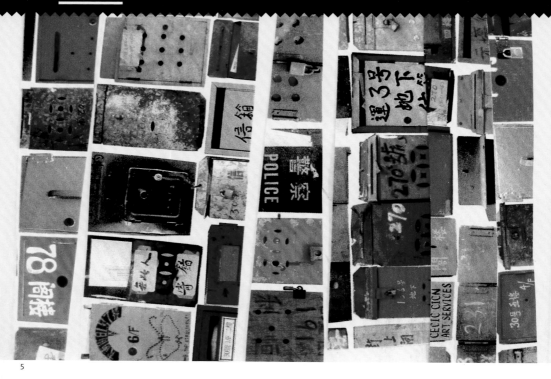

5

摄影

　　摄影是收集基本信息最好的方式，但是你必须思考如何利用相机去收集信息。相机是你的调研工具，但不是一个快速抓拍的工具！记住，你可以使用相机来收集信息、记录影像，以便进一步设计创作。使用时，要仔细思考你想要的镜头内容并做出相关决定，例如：如何构图；如何达到光线与色彩的平衡。在调研时，对于那些你想要获得的纹理或表面视觉信息，你是否尽可能地靠近调研对象以便近距离地观察？你所捕捉、设计的构图是否对你有用？相机为我们提供了另一种收集、调研视觉信息的方式，相机的优点很突出，在调研过程中我们要充分利用相机的优点。尽量不要将摄影照片简单地视为"可以临摹的、机器打印的图片"，如果可能的话，最好在现场进行绘图。可以将

摄影或摄影照片视为一种调研方式，它独具特色，值得我们探索。

　　就像选择速写本一样，你要尽量选择能够满足自己需要的相机。要想一想：你是否常常随身携带相机？你是否需要一个小巧袖珍的相机？也许，你需要擅长拍摄特写镜头的相机。

> "一张照片不仅仅是一张图片（如同绘画不仅仅是一张图片一样），也不仅仅是对现实世界的说明，它还直接来源于现实世界，就像脚印和死者面部模型一样。"
>
> 苏珊·桑塔格（Susan Sontag）

CAD

通过计算机，我们可以欣赏、处理视觉图片、影像，这非常奇妙、便捷。对于最初利用绘画和摄影捕捉、记录下来的设计想法，我们可以再通过 Adobe Photoshop 和 Illustrator 计算机软件进行发展和完善。你开始进行视觉信息调研时，不要使用计算机，这非常关键。当你没有开展任何视觉调研工作时，一定要避免直接在计算机上绘画，否则就会有风险，因为你创作的形式和符号有可能陈旧老套，缺乏适当的观察。当然，对于自己已经观察、注意到的符号和纹理，你可以利用计算机进行探索和创作，可以将照片扫描到计算机里，然后进行处理。

拍摄你的绘画作品，然后将它们导入 Photoshop 图像处理软件中处理，这可能会有用。通过 Photoshop，你可以进行剪贴、改变颜色和创建画面图层蒙版等操作。在操作过程中，你可能会产生一些设计想法，这对于之前记录在速写本上的视觉信息调研会起到积极的推动作用。可见，计算机有利于我们完善设计想法，而不仅仅是实现最终设计作品的工具。计算机很重要，目前已被广泛运用于许多设计领域，包括数码纺织品设计领域。

> "即使在我利用计算机或其他高科技进行工作的时候，我也会尽量多用手。"
>
> 三宅一生（Issey Miyake）

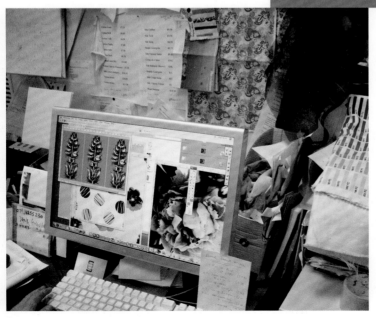

5
剪切、拼贴和处理照片是我们完善设计想法的好方式。如果你决定采用这种方式工作，那么请确保你仅仅使用自己的照片，因为使用别人的照片涉及版权问题。

6
我们可以利用计算机进一步发展视觉信息调研，同时也要对次要调研领域进行探索。

7

　　这是一个学生的情绪板，反映了次要视觉调研的重要性，有利于设计者把握设计方向，表现颜色、纹理和感受。

8

　　看看别人在做什么，这将有助于你了解纺织品的运用方法。

8

次要调研工作有别于主要调研工作，其不同之处在于你不是一个人感受某种现象，而是通过别人的眼睛、别人的观察去关注这种现象。次要调研工作适用于视觉和环境方面的调研。次要调研工作非常重要，不仅有利于我们掌握纺织品及其设计的知识，而且还可以提高掌握知识的广度和深度。你可以利用书籍、网络、电视纪录片或电影，了解与设计主题相关的事物。

开展次要调研工作可以促使你发现新材料，了解纺织品领域内的新进展。通过次要调研工作，你可以在全球范围内去关注与设计主题相关的事物，从而有助于建立自己的知识库。可见，次要调研工作是和主要调研工作一样重要，你必须平衡好两者的关系。

期刊

期刊指的是定期出版的学术刊物。在纺织品设计领域，通常指的是杂志，里面刊登了许多最新的文章。例如，出版物《纺织：织物与文化杂志》（*Textile-The Journal of Cloth & Culture*），就是一本纺织期刊，里面刊登了一些由本领域专家编写与审核的文章，简短而权威。

通过阅读这些出版物，你将获得与纺织品相关的各种信息，内容可能涉及性别讨论、政治工作、历史辩论、工艺方法、当前调研实践等。纺织品领域非常广阔，而期刊是非常重要的出版物，读者从中可以了解纺织品领域内的一些最新论述和实践。可见，这些出版物非常重要，使得来自于学术研究的信息可以共享。在各个学院和大学的图书馆里，通常都会收藏与专业课程、科目相关的各种期刊。

9
期刊可以帮助你跟上你所从事的专业领域的发展。因此要尽可能经常浏览这些出版物，它们将帮助你融入你的工作背景中。这些出版物可能有些贵，但可以去高校图书馆，那里往往会收藏。

"调研是第一步，如果你不感兴趣，你将永远不会发现一些东西。"

三宅一生（Issey Miyake）

杂志

想要了解与你的专业科目相关的热门主题，杂志是个好途径，里面有大量的主题可供选择。杂志所包含的信息在类型上存在差异，很多杂志都关注时装或室内纺织产品。一些纺织专业出版物，如刺绣纺织品杂志《布边》（*Selvedge*）、《纺织 ETN 论坛》（*Textile ETN Forum*）和《刺绣杂志》（*Embroidery Magazine*），都致力于纺织品研究。对于纺织品专业的学生而言，流行预测杂志必不可少，如《纺织品展望》（*Textile View*），从这些杂志中，读者可以了解到相关趋势预测的信息，而且很多信息已经应用于纺织业中，以促进配色方案、纱线、面料和图案的开发。

也有一些杂志是关于工艺、技术方面的，非常不错，里面介绍了各种新兴材料，如《材料 KTN》（*Materials KTN*）、《智能纺织品》（*Smart Textiles*）和《纳米技术与未来材料》（*Nano Technology and Future Materials*）等，这些杂志都关注纺织品的创新，例如蜘蛛丝、陶瓷纤维纱线和导电油墨等。这些信息非常重要，能够帮助你了解从业领域的范畴，也能增长你的知识和经验。

时尚杂志的特色常常也是纺织品，如《家居廊》（*Elle Decoration*）、《室内设计世界》（*World of Interiors*）和《服饰与美容》（*Vogue*）。本质上说，这些时尚杂志会展示许多服装和室内设计的视觉信息（通过摄影照片），也会刊登各种时尚专题文章。主流时尚和室内设计的杂志值得阅读、浏览，一张张页面堪称当代流行文化的快照。

9

10

书籍

　　书籍是非常好的创作灵感来源。在纺织品设计中，有大量的书籍可以利用。对于工艺的初学者来说，教科书特别有益，因为它们有助于传授知识、指导实践。此外，还有一些书籍也很有帮助，可以提供纺织品设计领域中所需要的知识，例如有关著名设计师、设计运动的书籍，涉及包豪斯、理论、纺织史和纺织文化等的书籍。当然，设计师需要阅读的书籍很多很多！从本质上说，书籍有助于设计师提升创作实践、思考并分析设计主题，最终有助于设计师了解不同环境、背景下的纺织品设计。

参观的地方

　　作为设计师，应当外出走走、看看，这是非常重要的工作内容，既有利于开展主要调研工作、收集资料，也有助于你了解其他人在做什么。参观纺织品的制作、销售场所很有裨益。可以去伦敦的自由商店逛逛，对纺织品设计师而言，这是一大乐事，因为这些商店展示的设计作品非常丰富，从服装到毛毯都有。你也可以通过计算机网络留意外面的世界，有些设计师的网站展示了许多设计作品，有些还标有价格。还可以参观设计作品的制作、销售场所，这很好，如你可以去参观艺术家的工作室、手工业品博览会，或是一些设置开放日的场所，在这些地方你可以亲自和创作实践者本人交谈。

12

美术馆和博物馆

对设计师而言，美术馆和博物馆是提供真实灵感来源的地方，可以促使设计师考虑和反思自己的作品。其中，博物馆是提供视觉灵感来源的绝妙之处，既展示了各种文化作品、自然物，也提供了大量的文化历史知识。世界上几乎每一个城市都有博物馆，这真好！

许多美术馆都有永久收藏品，从历史角度来看，它们是艺术和设计的例证，然而美术馆倾向于关注当代设计作品和实践，并因展品的不同而不同。许多美术馆都专注于纯艺术，如绘画、雕塑、概念作品、电影、视频、摄影和装置艺术等。一些美术馆专注于设计，如伦敦设计博物馆（Design Museum in London）、纽约的库珀·休伊特国家设计博物馆（Cooper

Hewitt National Design Museum），此外还有一些美术馆专门展示当代工艺和技术。查看你所在区域的美术馆，看看哪些美术馆展出当代作品可以去参观。设计师应当去参观当代展览，这非常重要，可以使自己与时俱进、跟上潮流！

10

如左页上图所示，这是街道的货摊，该图片提供了图案、重复、色彩和形式方面的信息。

11

如左页下图所示，这些场所展示了丰富的文化遗产，如装饰华丽的宫廷建筑、庄严雄伟的住宅和宗教建筑，在这些地方，设计师很容易找到灵感来源，里面含有大量的装饰细节，可以用于纺织品研究。

12

这是圣家族大教堂（Sagrada Familia），位于西班牙的巴塞罗那，是建筑师安东尼·高迪（Antoni Gaudi）的毕生代表作，虽然没有完成，但是庄严不朽，很大程度上受到了自然形式的影响。

　　麦琪·奥斯的工作地点是美国的西雅图，她形容自己是"发明了交互式纺织品的艺术家和工艺师"。奥斯是最早进行电子纺织品创意设计和工艺实践的人员之一，电子纺织品常常指融入带电元素、纱线或者纤维的纺织品。奥斯将工作重点放在富有色彩变化的纺织品和触控式轻型纺织品。她曾在美国、欧洲和日本等地举办展览。

▶ 13

模块

　　"右页中的模块，既是一个交互式纺织品触摸传感器，也是一个灯光艺术品，借助模块，奥斯得以继续研究电子纺织品的感知性能。通过触摸已经织造好的方块（灰色是导电区域），光在纺织品上传输，显示出隐藏的颜色和图案。触摸不同模块传感器，可以创建不同的动画光影图像，这些图像在织物表面上闪烁移动、相互作用，如同池塘中的涟漪一般。

　　这是一块机织面料，为双层、重叠组织结构，形成了导电传感器，可以产生光影效果。当白光亮起的时候，LED 照明灯穿过双层组织面料，使背面的彩色织物凸显出来。通过软件，可以探索各种各样规律性的图案，并能随机地产生图案排序。

　　传输介质：导电纱线、棉线、发光二极管、定制驱动电子设备和表现软件。尺寸：56.5 英寸 ×27 英寸 ×2.5 英寸 (143.51cm×68.58cm×6.35cm)。

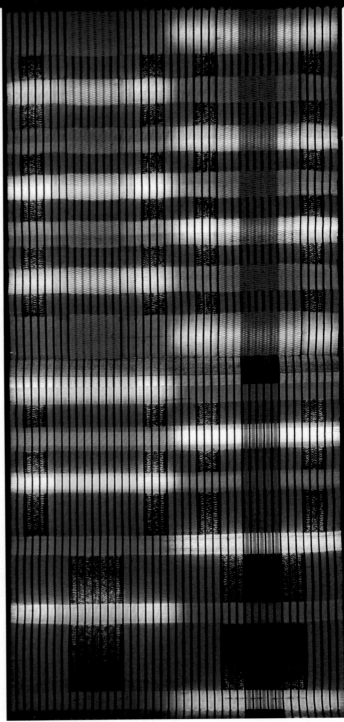

琳达·弗洛伦斯从事壁纸设计，她喜欢创作手印图案。弗洛伦斯曾参加相关纺织品培训，现在则投身于印花和插图的设计工作。她按照客户的订单进行设计并印刷壁纸。自己印刷壁纸有利于掌控，可以使每一个设计方案都具有个性化特征，并且可以根据客户的要求改变、调整颜色，这也有利于她进行创作，并借鉴建筑结构调整设计。琳达也专门为一些一次性的项目提供设计。她已经为泰德·贝克（Ted Baker）世界各地的商店设计了壁纸。对于有些设计项目，她会将其印刷成壁纸，而对于有些设计项目，则先设计图案，然后采用激光切割，以运用于商店内外。

你在什么地方工作？

我在家里和工作室工作。在工作室中，有我的绘画作品、面料和素描本，我喜欢置身其中。当然，我也在家里工作，家里有壁纸，白天在不同光线下，我能看到其变化。我将金属薄片用于壁纸，作用是装饰，由于金属薄片能够反射光，因此从早到晚都富有变化。

什么能启发你进行创作？

很多东西、任何东西都可能启发我。我的作品来自生活中的点点滴滴，融合了各种图案和造型。我总是被各种图案所吸引。我喜欢收集废弃的东西并从中发现新颖的材质和纹理。我收集了一些画像，包括威廉·莫里斯（William Morris）的。我喜欢的作品有：维多利亚和阿尔伯特博物馆的馆藏绘画、迷宫图案、布里奇特·赖利（Bridget Riley）的绘画，以及自儿时就开始收藏的一些图像，如太空入侵者（Space Invaders）和吃豆人（Pac Man）。

什么事或人对你的工作影响最大？

我常常受到艺术家和设计师的启发、鼓舞。这些艺术家和设计师包括吉姆·兰比（Jim Lambie）、布里奇特·赖利、徐道获（Do-Ho-Suh）、罗伯特·奥查森（Robert Orchardson）、麦金托什（Macintosh）、莫里斯、蒂姆鲁斯·贝斯特斯、金发异端乐队（Concrete Blonde）、扎哈·哈迪德（Zaha Hadid）、贾尔斯·迪肯（Giles Deacon）、巴索（Basso）和布鲁克（Brook）。

你喜欢什么样的工作方式？

我喜欢做实验。在工作时，我总是尝试制作一些东西。我从来不进行常规的印刷和面料设计。我用涂料或者地板漆进行印刷，或者利用面料和纸，除此之外，我还用混凝土、石板、木头或者糖！我非常愿意尝试新的材料，喜欢自由自在地创作图案和开发设计。

我喜欢把不同规格尺寸的图案混搭融合，例如有些图案采用的是大型太空入侵者的图像，以搭配受莫里斯启发的锦缎图案与小型地图。我还将不同寻常的颜色混合在一起，并不断根据工作进度而改变配色。我喜欢与客户一起工作，对他们来说，也许改变一个颜色，就能使他们和他们的房间变得与众不同。

14
琳达·弗洛伦斯使用手印图案和其他技术来实现她的设计作品。

15
这是琳达·弗洛伦斯设计的地板作品。

"一个设计师是一个具有审
美意识的规划师。"

布鲁诺·莫那（Bruno Munari）

1

第**4**章

策划调研

　　在之前的章节中，我们已经讨论了在主要调研和次要调研工作中，纺织品调研所涉及的内容和需要的工具。在这一章中，我们将探讨项目调研开展前的策划阶段。项目需要策划，特别是在初期阶段。对于如何开展、实现项目，你一定要深思熟虑，并确保已经考虑了所有调研的方方面面。策划调研很有必要，可以确保项目实施安全可靠，同时，也为设计理念提供了基础，在纺织品项目开展的任何阶段，你都可以回顾、思考这些设计理念。

1
　　策划调研至关重要。一定要提前考虑用什么纸或者材料，去哪里寻找信息，使用什么工具，这些都需要在调研之前想清楚。

当确定设计项目的开展方式时，你应当主要根据设计概要的类型来做出决定。一些项目的设计概要具有开放式的框架，可能基于一个主题、词汇或者概念，由此你可以决定调研的方式和地点。对于其他类型的设计概要而言，通常要求内容更加具体，从一开始你就要专注于某一方式，从而推进一系列的工作内容，以便取得特殊成果。

确定设计概要

通常，一套设计概要包括许多参数或指导方针，在整个设计过程中，你都必须考虑这些参数或指导方针，其内容涉及特殊类型的媒介、配色或者背景。对于时尚纺织品概要而言，常常要求你根据特定的趋势、配色或者背景进行工作。另外，也可能要求你为内部环境进行纺织品设计，例如为一个大型公共场所设计，你必须根据建筑的功能和用途开展设计。

"现场实地"项目

这类项目经常需要直接与产业合伙人或者设计公司合作。对于以"现场实地"著称的项目，设计师有机会专注于相关商业主题，并在所有关键的环节中，可以经常与公司进行交流、反馈以及实地考察。

主题

你可以将文字和图像作为创意的催化剂，从而开始调研项目。这样做的优势在于：通过独特而富有创意的视角，你可以赋予该项目个性化的特征。文字和图像可以用来表达你自己的个性、观点和兴趣。一定要记住，好的设计师是通过设计作品来讲述故事，这对于创作自己的视觉语言非常重要。

2
展示板上呈现的是学生作品，学生对风景进行了思考与探究，从而制作出针织时装设计概要。显然，展示板中心的摄影图片与针织样片的材质、颜色之间存在一定的联系。

2

3

当思考一个主题的时候，你需要选择一个能激发你创造力的出发点。正如我们前面提到的，你需要思考与设计概要相关的主题。通常，主题可以从一个词或者一个图像中延伸而来。作为催化剂，你可以运用这些词或者图像，把它们视为创意出发点，从而集思广益、头脑风暴，如第74、75页所示。

当然，对于如何确定主题，存在各种各样的方法，对所确定的主题，设计师会进行探究。

抽象法

采用抽象法，设计师可以视任意一个词语或者情况为灵感。这种方法通常也被称为超现实主义法，通过隐喻（即用一件事或一个想法来暗喻另一件事或另一个想法），设计师可以产生一系列的理念、想法。接下来，通过这些词语，设计师还可以产生许多视觉调研的思路。

叙述法

采用叙述法，设计师可以对一些事物的叙述加以利用，以便思索设计理念。这些叙述可能是一个故事或者一首诗，通过它们，可以唤起视觉方面的形象和参照。弗雷迪·罗宾斯

"每一季我都会找到新的主题，有时候这些主题相互矛盾。例如，克莱门茨·芮本诺（Clements Riberio）曾要求设计夸张的发布会作品，他们将发布会命名为'艺术家弗里达·卡洛（Frida Kahlo）看见新加坡的青楼，然而约翰·罗查（John Rocha）却力求可以产生抽象艺术的最小化设计。"

凯伦·尼克尔（Karen Nicol）

4

（Freddie Robins）创造了有趣、诙谐、具有颠覆性的针织纺织品，并因此而被众所周知。她通过设计来讲述故事，采用的载体是柔软的针织材料，如果采用其他载体很有可能令人毛骨悚然。她设计了名为"罪恶的针织之家"作品——茶壶针织套，以此来展示英国女性杀人罪犯的家或者房屋。她解释说："我一直困惑于谋杀和杀人动机，对我们大多数人来说，那种行为已经超出了道德规范的界限。"

概念法

采用概念法，设计师需要参考大量的引用文献，从而确定设计理念，并通过问题是否解决来审视设计理念，这是工作的重点。针对概念性项目，通常需要横向思维或者创意性思维，概念性项目可以激发设计师开放式的思维活动，使其从新的视角去自由探索设计理念。设计师露西·奥塔（Lucy Orta）的作品强调人道主义。她创作的名为"避难服装"作品，表现无家可归者的困境是设计的重点，通过对纺织品的实验，她力求探索服装与建筑结构之间的关系。

3
这是弗雷迪·罗宾斯设计的作品——罪恶的针织之家。设计师采用毫无威胁性的茶壶套进行隐喻，以此探讨社会中具有争议性的话题。

4
这是露西·奥塔设计的作品——避难服装，设计师将作品放在城市环境中，以检验纺织品和服装。该作品传达出了设计师对无家可归群体的关注。

语言
分析体系

字面性语言：
表达的是字面
含义，不偏离
原含义

比喻性语言：
形象化的语言，
可以对某些词
组的一般含义
进行适当夸张
或更改

修辞：一种加
强表达效果的
艺术手法

字面性

比喻性

修辞性

语言

词汇短语的
长度

暗喻

类比：把一事
物（或理念）
比作另一事物
（或理念）

暗喻：是
通过联想、
比较或类
似进行暗
示、隐喻
的一种修
辞手法

明喻

对比

明喻：是将两种
具有某种或某些
共同特征的事物
联系起来的一种
修辞手法，常用
"如""像""好
比"等比喻词

在正式文体中，明
喻是一种兼艺术性
与说明性于一体的
修辞手法，常常把
大家不了解的事物
比作熟悉事物

5

在项目开始的时候，你要做到思想开明，善于接受新兴的想法，并采用不同的思维方法，这非常重要。在初期阶段，你要围绕某一个特别的主题、概要或者单词，不断思索，迸发出一系列灵感和设计想法。这是一个激动人心的阶段，你可以真正地不受限制、跳出框框去思考，围绕既定的主题，思考每一种具有可行性的灵感、想法，扩大设计概要的范畴。

5　　这是一个学生的思维导图，显示了他如何确定设计概要。这类设计概要是开放式的，因为学生们不受限制，自己可以确定调研的领域，调研方法上可以采用"隐喻"法。

"想法一定要多，即使有些是错误的，这远远好过总是正确却没有想法。"

爱德华·德·博诺
（Edward De Bono）

头脑风暴和思维导图

专业术语"头脑风暴"通常用来形容快速产生灵感的方法。召开集体研讨会很有用，可以头脑风暴、集思广益，此外，当你独自工作的时候，也可以进行头脑风暴。在召开集体研讨会时，一些灵感和想法可以共享，有助于拓宽思路。通常，团队中的某一个人需要记录所有相关的词语，注意，只需要记录词语或者图像就足够了，不必详细描述。对于所有合理的想法都要思考和研究，通常，当完成这项工作的时候，会记录下大量的词语。此时，可以重新检查这个记录表，并确定其中最为重要的关键词。要重视关键词，并且在集体研讨会即将结束的时候，将这些关键词放入优先考虑之列。研讨会上确定的词语可以作为参照，用于整个项目流程，而不仅仅用于项目开展的初期阶段。

以上描述了产生灵感的一种方法——集体研讨会，此外，还有另一种常用的方法——思维导图，通过它，设计师也可以进行头脑风暴。思维导图是灵感的视觉示意图。当有一个主要想法的时候，要以它为起点、为中心，向四周拓展思维。当你从主要想法出发，画出分支以表现思维动态时，你可以添加关键词、颜色和图像，这很重要，有助于将你的想法形象化，想法会被分解成若干重要的关键词，相互之间的关联性也更容易确定。

KNITTED JEWELLERY

THE KNIT WEARS THE PERSON OR THE PERSON WEARS THE KNIT?

6

"通常，灵感是间接的，可以导致许多不同的形状和形式，并受到时间的影响。有一些需要注意的人物、事物等，在此，仅列举极少的名字：荷兰设计、约瑟夫·弗兰克（Josef Frank）、威廉·莫里斯、约瑟夫·博伊斯（Joseph Beuys）、保罗·克利（Paul Klee）、莱昂纳多（Leonardo）、毕加索（Picasso）、雷德利·斯科特（Ridley Scott）、汤姆·柯克（Tom Kirk）、查克·米切尔（Chuck Mitchell）、意大利摩托车、杰克（Jake）和迪诺斯·查普曼（Dinos Chapman）、瑞奇·热维斯（Ricky Gervais）、莫娜·哈透姆（Mona Hatoum）等。"

蒂姆鲁斯·贝斯特斯

6

这是一个学生的展示板，其针织设计手法极富趣味性。也许你以前可能从未考虑过趣味性，但是现在可以将它视为设计工作的方向。

寻找你启动项目所需要的信息

在上一部分中，我们讲解了头脑风暴以及在项目初期如何进行头脑风暴。现在我们将要探讨如何利用信息。

头脑风暴很重要，有利于设计师开始思考项目并引发大量的可能性。现在，通过头脑风暴，设计师还可以制作一个调研地点表，罗列出寻找信息的各个地点，以便进一步扩大调研的范围，深入调研。这就会涉及包括主要调研源和次要调研源在内的各种资料，正如前面的章节所讨论的。

在此，我们首先讨论从主要调研源寻找信息。什么是开展主要调研的最佳地点？可以从你身上开始。思考一下你所处的环境、你每天的生活、你的文化与个人背景，从中寻找可以直接利用的信息。每一个人都掌握各种视觉信息，它们来自我们的旅途、家园、娱乐以及喜欢参观的地方，等等。所有这些日常经历都包含了丰富的视觉信息源，我们可以好好利用。首先要考虑如何将这些信息源适用于你的项目。

接下来需要考虑更加广阔的主要调研源。你知道如何获取某一地点的信息吗？针对公共建筑而言，博物馆、美术馆和火车站都是容易接近的地方，这些地方同时包含了主要调研源和次要调研源。你知道谁可能提供给你额外的渠道和信息吗？可以考虑联系一些组织和公司，它们可能感兴趣且能够帮你进行调研。

趋势预测

趋势预测，又称趋势分析，是关于社会未来变化的预测。在纺织时装业，趋势预测被用作时尚风向标，其内容通常包括色彩预测、图案趋势、服装材料与造型的变化、配饰材料与造型的变化。许多纺织企业都非常重视趋势预测信息，这些信息可以为企业的时装和面料发布会提供设计上的引导。作为一名纺织品设计师，尤其在进行市场产品设计时，必须了解趋势。纺织品设计师根据项目设计概要的类型来选择趋势预测来源，并常常将其作为设计调研的起点，此时设计师可以浏览大量预测网站和期刊，以获取趋势信息。

思维导图训练

从空白页的中间开始，写下你想要发展的灵感、想法，或者采用绘画的方式也行，以此为中心主题。我们建议你使用横向的纸张。

围绕中心主题，发展、衍生出相关的副标题，并用线将这些副标题与中心主题连接。

采用相同的方法，发展、衍生出更多层次、级别的子标题，并用线将这些子标题与相应的副标题连接。

"我流连于跳蚤市场、汽车后备厢售卖摊以及精品古董店，想获得奇特的物品。在这些地方，我寻找传统的纺织品、古老的刺绣品、陈旧的男装部件以及具有奇异色彩、材质和有趣故事的物品。我用它们来装饰我的工作室，而我的工作室也因此变成了一个巨大的情绪板。"

凯伦·尼克尔

环境调研

环境调研是围绕产品的目标顾客群体而展开的调研。作为设计师，你需要了解相关环境或者目标顾客群体的类型，这极其重要，以确保你设计的产品符合相关要求。通常，这些调研的信息会在设计概要中体现，你也许还被要求对特殊环境要有识别能力。这就需要调研，即一方面你要了解次要调研源，例如当代杂志和期刊，掌握相关信息；另一方面也要开展主要调研工作，例如参观零售折扣店和设计师品牌店，观察潜在用户群体并与他们进行交谈。

历史信息

作为一名纺织品设计师，你要对丰富悠久的纺织品历史有所了解，这非常重要。几个世纪以来，通过调研以前的纺织品设计，我们可以了解某一面料制作的方式和原因，同时去思考、探究这些面料与现代设计和未来设计之间的关系。一些设计公司采用新兴的当代表现手法，对过去的收藏品进行借鉴，并因此而闻名于世，例如蒂姆鲁斯·贝斯特斯公司。一些公司尤其善于利用传统的约依印花布（Toile de Jouy，表现日常场景的传统面料），例如格拉斯哥印花布（Glasgow Toile）和伦敦印花布（London Toile），利用这些传统的历史纹样来表现当代场景（参见第 22 页）。

对于纺织品而言，进行历史调研的资源丰富多样，一些调研源直接与纺织品息息相关，例如时装、室内设计和装饰；一些调研源则来自于其他设计类别，例如陶器、珠宝和戏剧服装。大型的美术馆和博物馆是非常好的调研源，在这些地方往往能够找到大量的装饰艺术品。此外，要注意一些民族和地区的美术馆、博物馆，这些地方也保存着许多有价值的小型收藏品。通常，对于一些不公开展览的文物，可以与美术馆或博物馆的馆长预约，以便能被允许查阅档案馆中特定时间或特定类型的文物。

7
这是一个学生制作的情绪板，他采用过去的旧照片和图像来表现作品主题"战争怀旧的浪漫"。

利用图书馆

　　图书馆往往是着手安排调研计划的最好地方，因为你可以在图书馆中查找到各种参考资料，包含文字资料和图像资料。在头脑风暴之后，对应该从什么地方开始观察、寻找调研源，你会有一些想法。去图书馆的时候，尽量放开思路，要多花时间查看各种不同的图书区域和通道，有些图书类别一开始好像与你的计划没有关联，但是也应留意。与互联网不同，图书给予我们的是一种截然不同的使用感受和经历，我们不仅能获得视觉上的刺激，而且可以触摸图书，闻闻图书的味道，沉浸其中，身心受到鼓舞。要记住，图书本身就是精心制作的美丽物品。纵观当代和过去的设计，历史手稿能够给我们提供丰富多样的灵感来源，且数量远多于从任何网页上可能找到的灵感来源。

8

　　在市场上，我们可以找到成千上万关于纺织品设计的图书，其中很多图书中都呈现了一系列优秀的作品，可以启发我们的灵感与设计。此外，大学图书馆或公共图书馆是开始调研的好地方，要加以注意。当你发现一本自己喜欢的图书时，要看看这本书后面的参考文献，从而获得进一步调研所需要的书目清单，这非常珍贵。

9

　　图书馆是提供灵感来源的好地方。不仅要多看有关纺织品的图书，还要多看其他领域的图书，关注一些创造性的学科，如纯艺术、平面设计等。

互联网的使用

　　迄今为止，互联网是寻找和收集信息的最快捷的途径。通过使用搜索引擎，我们可以在全球范围内开展相关主题的调研，并快速获取大量的链接网站和资源。互联网是非常重要的工具，通过互联网，我们可以快速寻找信息，获取最新的设计趋势与时尚评论。然而应当注意，调研时不能仅仅只依赖于互联网。虽然互联网非常神奇，既有利于我们与公司保持联系，又有助于我们掌握专业信息，但是不应当只采用互联网进行调研，还需要结合其他方法和调研类型，这样我们才能更好地获得相关知识，例如材料的触感、立体形态和图案。

10
　对于纺织品设计师来说，互联网是最快捷的调研方法之一。然而，应当将它与其他方法结合使用。

开发主题练习

　　选择一件你过去一年中经历过的活动、事件，想一想如何利用你的触觉、味觉、视觉、嗅觉和听觉器官对其展开调研。

　　对于这个活动、事件，你又如何使用二手资源来展开调研？你会去参观什么地方？查看哪些书籍？

　　此外，你如何使用互联网对其进行调研？你知道什么类型的网址可能是最有用的？

马尼什·阿罗拉是一位印度时装设计师，担任帕高·拉巴纳（Paco Rabanne）女装系列的创意总监。众所周知，阿罗拉的设计作品色彩生动、效果非凡（例如富含电脑技术和闪光效果），此外，大量运用印度传统工艺，例如刺绣、嵌花和钉珠。2007年，阿罗拉创建了自己的品牌，从此，他的作品获得了普遍认可，并在全世界拥有众多粉丝。

▶　**11 & 12**
2011年秋冬系列

这是阿罗拉2011年秋冬系列作品，展示了其充满活力和戏剧性的设计风格。受德国艺术家安妮·霍夫斯塔特（Annie Hoffstater）魔法玩偶的启发，阿罗拉采用明亮色彩与镂空蕾丝进行创作，其纺织品表面呈现出兼收并蓄、精彩动人的特点。

11

约翰娜·贝斯福德既是一位自由插画家、也是一位平面图案设计师。一些公司和设计工作室委托她设计作品。这些公司和设计工作室会提供一个简要的要求说明，然后她据此手绘作品，再将其扫描到计算机中，通过Photoshop图像处理软件进行修改和调整，最后将具有高分辨率的数字化作品文件提供给委托的公司或设计工作室，由其将设计作品进行最终的转化与应用。这些设计作品最终可能应用于网站、包装、产品或杂志印刷上。

你是如何开始的？

早在2005年，当我离开艺术学校的时候，我就作为一名设计师、制作者开始工作。我自己设计并制作了室内作品系列，例如壁纸、面料、靠垫、灯具和陶瓷等。我的作品制作只有两种途径：一是自己在丝网印刷工作室完成；二是小批量加工生产。然后我再将这些完成的作品直接销售给消费者，或者批发给零售商和代理商。

我只使用黑白两色进行创作，我的作品都是手绘完成，并尽可能地少使用CAD。我设计的作品强调精致的细节刻画和复杂的视觉效果。一些品牌和公司开始委托我设计作品，它们是我的客户，喜欢我作品的风格并希望将其应用于它们的设计和产品中。

随着自己事业的发展，我越来越热衷于艺术创造，而不是产品制作。在2009年年底，我决定停止制作自己的产品系列，而专注于委托设计，即产品定制设计。

13

13　　这是约翰娜的工作室，可以看出，设计师将他们关注的灵感"钉"在墙上，公开展示。这样一来，即使他们正在进行其他的工作，也能看到它、思考它。

你在哪里工作?

我与客户一起工作,我的客户遍及世界各地,如伦敦、巴黎、纽约、旧金山和斯德哥尔摩等。在家中,我有一个小型工作室,放有我的画桌和电脑设备。虽然我与客户保持联系的方式主要是电子邮件、电话和网络电话,但是我每月都会前往爱丁堡、格拉斯哥和伦敦一次,与客户见面。

你工作室的环境是什么样的?

我喜欢在一个安排有序、井井有条的环境中工作。工作效率和时间管理非常重要。对于管理、记账、客户联系这些工作,必须高效率完成,否则会耗费我大量的时间并阻碍我专注于设计工作。我的工作室有许多储藏空间,可以放置文件、档案和图纸,此外,工作室里还有一个大书桌和一面墙,利用这面墙我可以制定计划、制作灵感情绪板。

你能谈谈你的设计过程吗?你是如何获得灵感的?

通常,我会按照客户的设计要求安排工作。有时候,客户的要求非常具体详细;有时候则很笼统粗略、限制少,让我自己寻找灵感、提出想法。我总是采用速写的方式,勾画最初的想法、布局、大致的造型等。对于设计中所包含的内容,我会列出各项清单,对于我不熟悉的内容,我会通过互联网或者图书馆去查找参考资料。

接下来我开始进行设计。我会选择一张大的活页纸进行创作,最初用铅笔,然后使用钢笔、墨水,完成后,我将绘画作品扫描到电脑中,扫描的分辨率很高(达到 1200 像素),然后通过 Photoshop 图像处理软件进行调整和改动,最后将数字化作品文件提供给客户。手绘作品的尺寸总是远远大于最终打印的尺寸,在 Photoshop 软件中可以按比例缩小作品。

一些客户需要三张设计草图,他们会审核草图并反馈意见。客户从中挑出可以进一步完善的草图(或者从几个不同的草图中确定设计方向),然后我再回到作品的创作中,最终完成设计。

为什么你要进行调研?为什么调研很重要?

我绘制的每一幅画都是用钢笔和墨水手绘完成的。我要画某一事物时,通常需要一个视觉参照物。对于我来说,调研工作包括:通过网络获取大量图像数据库,用电子书签保存网页链接,或者在图书和杂志中寻找图像参照物。

为了特定的项目,我会有意识地进行图像调研,当然,我一直关注有趣的图像和视觉参照物,并收集起来以供日后使用。但我不会保管速写本。

你的调研源主要是什么?

我会大量使用互联网,图书和杂志也非常好。但是,许多设计师往往关注相同的调研源,导致创作的作品可能相似或雷同。

关注现实生活中的调研源,例如植物的生命,本是一件快乐的事情,但实际上却并非如此。寻找调研源并积累相关资料需要耗费大量的时间和财力,从商业角度来说,相关工作应当尽可能地快速、高效完成。

你是如何开始你的调研工作的？

我会阅读短文，与客户交流，然后罗列需要寻找的参考资料清单。对于每一个项目，我会在电脑中创建一个文件夹，然后根据清单寻找各个项目的图像参考资料，并将它们保存到对应的文件夹中。

什么事或者人对你的工作最有影响力？

是我的客户、消费者以及我的同代人。当客户提供设计概要时，他们通常知道自己想要什么、追求什么。我的工作是了解这些设计概要并且实现他们的想法。我总是尽力采用我认为具有创新性和独特性的方式为客户诠释设计概要，但是总有一些因素必须用特定的方式来表现，这缘于品牌识别、印花过程或者印花预算等。

某一项设计是否成功取决于消费者（而不是流行趋势预测者）。对于将要购买或使用产品的消费者，我们应当满足其需求，因此我和我的客户必须创造出对目标市场有吸引力的设计，这非常重要。

无论是我的同代人，还是历史上的艺术家、设计师，他们的作品都会对我的创作有所影响。有人曾告诉我，在艺术学校要学会"偷而不是借"，我认为这是一个重要法则。我们都不可避免地受其他作品的影响，无论是有意识的还是下意识的，但重要的是，从他人作品中可以获取灵感和元素，从而激发自己的想象力，并将相关元素融入自己的设计实践中。当然，你必须自己亲自创作，而不仅仅是挪用、照搬其他设计师的作品。

15

迄今为止，你最大的成就是什么？

我曾被委托为 2010 年的爱丁堡艺穗节（Edinburgh Festival Fringe）节目绘制宣传封面，我感到非常荣幸。获奖总是很好的！我曾获得过 2007 年世界时装之苑设计奖（Elle Decoration Design Award）和 2009 年的第四频道人才奖（Channel 4 Talent Award）。

14

对于想投身纺织品设计领域的人们，你有什么建议吗？

一定要思想开明、思维灵活。不要受限于某一种原则，也不要将自己局限于某一行业部门，要尽可能多地参与各种项目并与各种技术人员交流合作。我相信，在相互合作中，你会跨越所在的领域，学到很多新东西。

我还有一个建议，要尽量采用一些方法使自己及作品与众不同。这就是商业人士所谓的"独特卖点"。我认为，如果能使自己别具一格、作品独具匠心，则有助于在消费者心中留下深刻的印象，提升声望形象。最重要的是还可以使你进入细分领域，通常这是一个更小范围的目标市场，但是却更容易达到顶峰，获得成功。

例如，我工作时主要采用黑色和白色，当然不全都是这两种色彩。我作品的签名风格非常细腻，并用钢笔手绘插图。采用这

种方式，既有助于我建立设计师的形象，还可以令我的作品从数以万计的设计师和插画师的作品中脱颖而出。

16

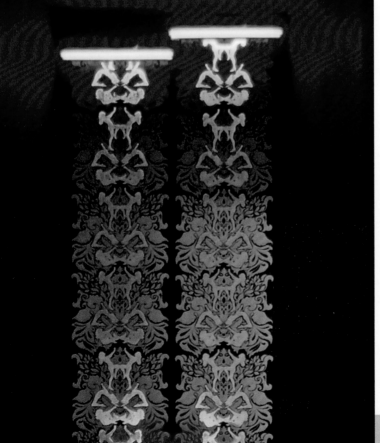

14

这是约翰娜·贝斯福德为匡威运动鞋设计的作品。作为一名平面设计师，约翰娜可以将她的设计应用到各种产品的"表面"上。

15

约翰娜·贝斯福德的设计工作超越了纺织品领域，她还为插画进行设计。

16

这是约翰娜·贝斯福德创作的委托作品——发光壁纸。整个作品由她设计，采用特殊的紫外线敏感油墨印制而成。

"从每一件事物中你都可以找到灵感，如果你不能找到它，就是你寻找的方式不正确。"

保罗·史密斯（Paul Smith）

1

观察与分析

本章深入探究了纺织品设计中的观察与分析的方法。我们将从五个关键领域进行探讨：色彩、外观、结构、纹理和图案。

灵感可以来自任何地方，如来自于自然界、城市景观和你周围的环境，灵感源泉可以是你亲眼看见的有趣事物。我们对其应当如何观察、记录和分析？方法非常重要，因为视觉调研是开展设计工作的基础。

本章将详细阐述如何从各种重要的设计主题与灵感来源中提取视觉信息。

1
这是一张图案化的景观鸟瞰图，展示了自然的乡村色彩与图案。

2

　　在我们的环境中，可以
找到各种色彩来源。物体的
表面和光的反射会对色彩产
生影响。从这张简单的气球
图片上，我们可以看到由于
光和影的作用，色彩呈现出
丰富的明暗变化。

纺织品的色彩来源很多。首先，我们的色彩板源自于我们自己的视觉图像。当我们对视觉图像的来源进行观察和分析时，我们就需要采用正确的方法，以便捕捉特定类型的色彩，把握对比度、色调和比例。通常，纺织品设计师会得到一个特定的色彩板，反映了客户色彩的故事或者季节。对于室内设计项目而言，相关的色彩运用可能已经提前确定了，例如由建筑师确定，或者遵从现有的配色方案。对于你的纺织品系列而言，环境是运用色彩时重点考虑的因素。

"我被纯色深深吸引。尤其是来自童年的色彩，来自乌克兰的色彩。记忆中，故乡的农民在举办婚礼时，会用许多丝带装饰红色和绿色的裙子，舞蹈时则飘飘起舞。我的叔叔从瑞典带回一本纪念相册，里面就有许多民族服饰。"

索尼娅·德劳内（Sonia Delaunay）

色彩与文化

要想了解色彩的重要性，首先需要思考其在全球文化上的重要性。

对于色彩的诠释，因文化不同而存在很大的差异，反映了各社会的当代和历史特色。例如在西方国家，黑色通常与死亡联系在一起，但是在东方国家，则是白色具有这层含义。

在过去，许多国家都制定法规，以限制特定社会阶层、人员对色彩的使用。一个人可以穿用的色彩数量反映了其社会地位的高低。如今，从校服、陆海空军服、运动员队服、学位服与学位巾、宗教服装中，我们仍然可以看到遗留在服装上的限制和规范。

不难发现，作为人类，无论在文化上还是情感上，我们与色彩之间均具有密切联系。在特定的历史时期，通过色彩可以协调或破坏视觉效果。

色彩的语言

下面罗列了一些常见的色彩含义（主要基于西方文化）。

红色　红色象征热情、火、血和欲望，并且与生气、战争、危险、力量和权力相关联，常常用来表现愤怒和爱情宣告。红色鲜艳，识别度高，因此，停车标志、停止信号灯和消防设备通常采用红色。红灯意味着停止，但是在红灯区则意味着"过来"。在东方文化中，红色象征着幸福美满。

蓝色　蓝色具有矛盾性。用蓝色可以表现晴朗的天空、平静的大海，也可以表现宁静、和平与空间。蓝色代表冷静，也象征品质、贵族血统、蓝筹股。用蓝色可以表示蓝色彼岸的地平线、乡愁和期望。灵感或灾难往往突然而至，这种突如其来可以用带英文"blue（蓝色）"的短语来表示。蓝色也意味陈旧、寒冷，还表示忧伤，当我们使用"blue"表达郁郁寡欢时，其实真的是情绪低落。

黄色　黄色代表阳光、夏季和成长。黄色（同红色一样）是一种温暖的色彩，也象征冲突。黄色可能寓意幸福和快乐，也可能表示懦弱和欺骗。黄色鲜艳，识别度高，经常用于危险警告和救护车上。黄色是欢快的。多年来，妇女们将黄色丝带作为希望的象征，佩戴在身上，等待她们的丈夫从战场上归来。

黑色　黑色与权力、高雅、仪式、死亡、邪恶和神秘联系在一起。它是一种神秘的色彩，让人联想到恐惧和未知（如黑洞）。它常常具有消极的含义（如黑名单、黑色幽默、黑死病等）。黑色也代表力量和权威，被视为一种正式、高雅的色彩，象征身份、威望。

橙色　红色代表力量，黄色代表幸福，而橙色则兼而有之。橙色常常与快乐、阳光和热带联系在一起。橙色代表热忱、魅力、幸福、创造、果断、吸引、成功、鼓励和兴奋。这是一种充满激情的色彩，给人以热烈的感觉。

绿色　绿色是自然环境中常见的色彩，象征成长、和谐、新鲜和丰饶。在色彩的情感表达上，绿色与生态环保非常契合。这种色彩有极好的治疗功用，有助于舒缓眼睛视觉疲劳，改善视力。绿色寓意稳定性和忍耐力，有时也表示缺乏经验。绿色与红色截然相反，意味着安全，并且在交通系统中意味着"可以通行"。此外，深绿色经常与金钱联系在一起。

紫色　紫色兼具蓝色的稳定性与红色的力量感。人们经常将紫色与皇室联系在一起。它象征权力、高贵、奢侈和抱负，代表财富和奢侈。紫色常常与智慧、创造力、神秘和魔法联系在一起。

白色　白色常常与光、善良、纯真、纯洁、贞洁联系在一起，被视为完美的色彩。白色意味着安全和干净。与黑色相反，白色通常含有积极的含义。在东方文化中，白色象征着死亡，这与西方文化中的黑色相对应。

3

可以将彩色电线作为设计灵感。这张照片蕴含了许多潜在的色彩应用方法。如图所示，通过前面区域的电线可以获得彩色线条形态，后面区域则可以研究拼贴材料应用。

3

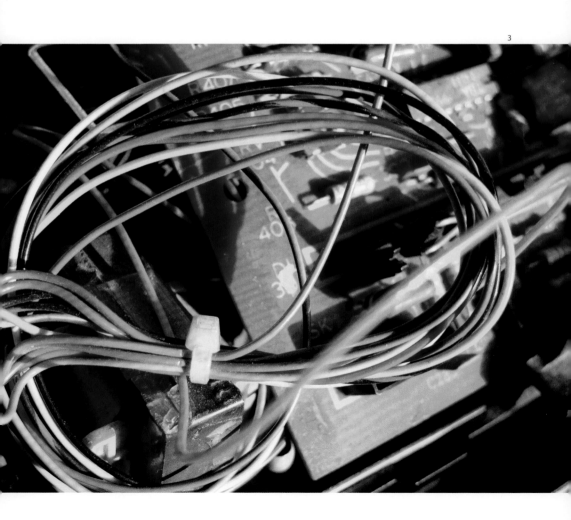

什么是色彩？

在设计中，色彩具有强烈的主观性。我们用肉眼能够看到大约 35 万种色彩。色彩背后存在大量的科学理论，构成了一门独立的学科，且内容广博。按照既定的色彩序列和系统，我们可以理解色调、饱和度、明暗度。从科学角度说，色彩仅仅是光学现象，白光由各种色光组成，如同彩虹原理，或者通过三棱镜将光进行折射分解，我们可以看到各种色彩。色彩可以分为红、黄、蓝三原色与橙、绿、紫三间色。以特定的顺序混合上述颜色，可以进一步形成复色。在电脑图形软件中我们可以看到色环，色环对检查色彩混合的效果非常有用。

对于一个纺织品设计师而言，除了了解一些基本的色彩模式外，还应记住，色彩在面料上与在屏幕上呈现的效果是不同的，这非常重要。

4
色轮由原色、间色与复色构成。

5
减色法原色：当光被反射的时候（如在印刷中看到的色彩），色彩由三原色——青色、洋红色、黄色创建。当这三种色彩相互重叠时，就产生了黑色。

6
加色法原色：当光被发射的时候（如在屏幕上看到的色彩），色彩由三原色——红色、绿色、蓝色创建。当这些色彩相互重叠时，就产生了白色。

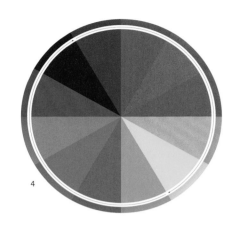

4

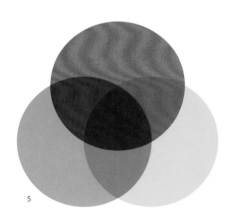

5

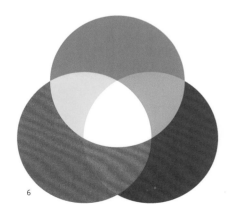

6

色彩的定义

色相　即颜色，是色彩的相貌称谓。当一种颜色达到其最鲜艳的时候，没有被白色或者黑色稀释，这时它的纯度最高。当将它与其他相同鲜艳度的色彩混合时，它仍然保持其最鲜艳的程度。

饱和度　指色彩的鲜艳程度。高饱和度的色彩由纯色构成，不包含白色。

色度　用于描述色彩饱和度或强度的又一个术语。

单色　当只运用一种色彩时，我们称该色彩为单色。这时，运用该色彩可以尝试各种色调。

明度　指色彩的明暗程度，从明亮的白色光源到灰色再到深黑色，从中可以看到明暗变化。我们感受到的色彩明度取决于实际物体的表面质地。我们用数值和明暗度描述色彩明度。

色调　指色彩的浓淡明暗层次，在色彩中加入大量的白色后，本质上会变浅。

系列色彩　在设计中被确定采用的一组色彩。

> "看！是谁说的这里只有颜色？这里也有颜色的深浅！"
>
> 戴安娜·弗里兰
> （Diana Vreeland）

色彩生成练习

试着混合红色、黄色和蓝色。你将得到什么？你可能得到各种灰色。按照彩虹的色彩混合颜料，可以得到灰色，由于颜料不够纯净，所以得不到白色。试着混合大量不同的原色并加入白色，看看你将能得到什么。

看看你不用黑色，是否能够创造有趣的灰色调。

7
　　这是学生作品，通过一系列的符号，运用色彩技巧，创造出具有色彩动感的表面，非常有趣。

8
　　这是一些印染纺织面料。深入观察和分析色彩对于调研工作非常重要，不乏丰富的灵感，有利于创作系列纺织品。

观察和分析色彩

　　无论图案、质地、结构还是表面肌理，我们很少孤立地看待一个元素。观察和分析色彩时，需要结合其他元素，因为这些元素将影响色彩的强度、纯度与效果。图案，赋予色彩重复性和变化性；质地，赋予色彩不同的色密度；结构，创造不同的视角，从而影响色彩效果；表面肌理，影响光线的反射，从而改变色彩效果。这些都会影响到色彩的效果。如果想要纺织品调研具有高度可视化、具有创造性，你就必须周全地考虑这些因素。

　　颜色分析极为重要，是需要考虑的重要因素之一。如前所述，我们用肉眼可以看到各种不同的色彩，数以万计。作为纺织品设计师，我们的工作要求我们思考可以利用的色彩。无论是潘通色，还是蜡笔或水粉的色彩，都是通用色。每个人都可以使用特别的颜料或者阴影。你的工作就是利用颜料或阴影，用一种创造性的方式表现你看到的色彩。

　　颜料通常是混合使用，除非有原因需要直接使用颜料管里的颜色。利用调色板创造你自己的色彩，可能会花费一些时间，但是将创造出属于自己的各种色彩，而且只有自己能够"复制"这些色彩。花时间做这些工作的同时，还应不断地观察和分析你眼前的色彩。

7

9

10

面料的表面通常涉及图案、色彩、装饰等元素，通过选用综合材料与印染技术，可以应用这些元素。为了成功应用这些元素，一定要充分思考图案、质地、结构、肌理等所有重要元素，而且必须将这些元素结合起来思考，因为这些重要元素的结合决定了表面设计的成功与否。在纺织品设计中，设计师想要的结果是各个重要元素成功组合，形成一个整体，从而给观赏者留下平衡与和谐的印象。

9

这些是学生完成的纺织样品，展示了运用缝制和针织技术创造的一系列表面肌理。在纺织品调研过程中，研究各种各样的表面肌理非常重要。

10

我们从周围可以获得灵感，如从绘画中可以获得有关表面肌理的灵感。这张照片是在冬季的沙滩上拍摄的，展示了沙粒和光滑的石头，激发了我有关表面肌理的灵感。

"表面可能指纹理、外层、外膜。这意味着，可以创造表面或直接改变可视的表面。"

莱斯利·米拉尔（Lesley Millar）

表面的意义

在纺织品设计中，通常会涉及表面设计，主要指面料表面的图案、装饰元素等设计。表面设计可以采用平面二维技术，例如手绘或者数码印花，也可以综合应用多项技术，如选用混合材料和拼贴技术。在这个领域里，图形、插图、产品和纺织品之间的界限逐渐消失、融合，纺织品设计师可以容易地将一种物体的表面设计转化应用于另一种物体的表面上。这意味着，新型的材料和表面设计可以得到运用，这为纺织品设计师的精彩设计提供了可能性。纺织品表面处理技术为设计师开创了新局面，材料的限制不再是一种限制了。正如本书第 66、67 页设计师琳达·弗洛伦斯以及第86 ~ 89 页约翰娜·贝斯福德所展示的那样，学习纺织品设计课程的学生和毕业生可以作为纺织品表面设计师找到自己的位置，在纺织品设计领域中开发出具有实用性的新产品。

11
这是纺织专业的毕业生科斯蒂·芬顿的作品，展示了各种表面形式的组合，赋予这件纺织品一定的意义与故事性。这个作品通过缝制线迹和面料表达了一种失落感，而许多发展中国家的儿童也正经历种种失落。

12
这是一张兽角的照片，为我们调研自然界中的各种表面提供了非常好的来源。我们要像科学家一样，可以使用显微镜进行观察，要小心地分析它的表面纹理，尝试生动地描绘它。

11

12

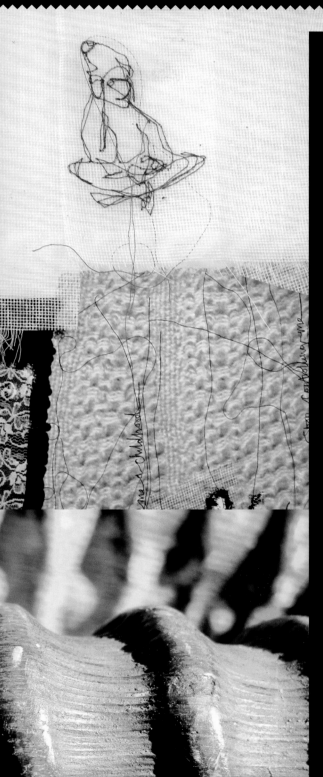

符号标记创作练习

创造符号标记是一种设计方法，你可以在纸上创造各种各样有趣的表面。对于调研表面图案而言，这是一个很好的出发点。要使用简单的绘图工具，并且经常使用随手可以找到的材料，例如羽毛、树枝、洗刷器和海绵等，这样你可以容易、快速地创造许多表面设计。

在一张大的 A2（C）纸上，从上到下画三行 10cm×10cm(3.9 英寸 ×3.9 英寸) 的正方形。在每一个正方形中，只使用黑色和白色，用可以找到的各种材料创造不同的表面图案。材料可以是各种各样的家用物品，例如海绵、牙刷、钢丝刷以及糕点切刀；也可以是自然界中可以找到的物品，例如细枝条、羽毛、杉树果和贝壳，这里仅举几例。

使用黑色墨水，尝试尽可能多地创造不同的表面图案。可以采用打印、用点装饰、绘画、轻弹、冲压、模糊处理和喷涂等方式进行实验；可以采用遮蔽液和遮蔽带进行实验；可以使用抗腐蚀的材料，例如蜡和蜡笔进行实验；不要费劲地在每一种材料或方法上投入过多时间，仅仅只需要几分钟就可以了。在练习结束时，你应当列一个表单，以记录大量的表面图案。保留这个表单，它可以作为你创造不同表面的参照。在每一个表面图案的旁边写上一段评论，以提醒自己使用的工具和材料。

13

作者提示

　　当你在户外场景的时候，要试着尽可能多地记录信息。由于你可能不会再次参观，因此，你要有足够多的信息以便着手推进设计图，这非常重要。

13
　　在这里能够看到磨损的、生锈的和受腐蚀的表面，它们可以提供我们可视化的表面参考资料，内容涉及颜色、纹理和图案。

表面处理技术

调研的手工表面技术主要有以下几种：

冲压　指在材料的表面施力或施压，从而在表面上形成一个图案、图形或者装饰元素。我们常常对材料表面施加外力以创造表面厚度的差异性。在不同的文化圈，这种技术都得到了运用，即使在材料的表面简单重复地冲压一个图形，仍然可以创造出丰富多样的表面效果。

印花　采用印花技术可以创造有趣的外观。可以运用摄影数码影像，也可以运用科技含量较低的技术，如采用手工模具，采用海绵擦拍，采用刻版印花，从而改造基础材料。

拼贴　通过拼贴一系列不同类型的材料，可以创造图像和图案，从而开发出具有触感的表面。你可以在材料表面上进行缝制，或者使用尖锐的工具刮开它。

表面效果练习

采用废弃材料（如带色透明纸巾等）、相片、再生材料（如旧标签、车票、包装纸和瓦楞纸等），创造一个二维平面，力求形成不同的绘画表面。

或者，选用一张普通的白纸，处理方法有：分层、撕裂、洗涤、压痕、打褶、折叠、摩擦、割破，从中选择两到三种处理方法，创造不同的表面效果。

14

对于结构而言，你应当在纸上绘画，以便捕捉结构的基本特征，这是视觉调研工作的内容。我们经常运用纺织品塑造一种错觉效果，例如将面料打褶、悬垂，从而在深度、空间、尺度和均衡上给人留下印象，形成错觉。在纺织品上进行数码印花可以产生有趣的平面图案，增强视觉效果。

14

这是由雷切尔·哈顿（Rachel Haddon）设计的激光切割面料，创造了开放式的建筑物。正如所见，该建筑物作品集空间、光线和结构于一体。

15

我们在建筑环境中可以轻易地发现各种结构。在这里，一个学生调研了各式各样的建筑结构，并通过线描和拼贴的方式探讨了不同建筑结构之间的关系。

"当提到结构时，我认为，应当力求通过绘画的方式塑造结构，创造三维空间，当然，这极具挑战性。"

欧瑞安·威尔民（Aura Wilming）

15

16

17

结构灵感可以来自许多地方，这里罗列了一些，你不妨考虑一下。

自然环境　树木、灌木丛、花卉、耕地、干草垛、岩石、农场建筑、菜园、拖拉机轮胎印、风景、海景、岩石池、动物骨骼、生物以及医学世界。

建筑环境　施工架、建筑工地、废品商、购物通道、建筑物、栅栏、桥塔、中央电视台摄像机、天线、起重机、电路板、发动机、雕像、陶瓷、国产商品以及立柱。

16
这是沙滩上的自然漂浮物。在这张照片里，可以很清楚地看到物体的结构和形态。

17
这是一件金属作品，通过切割形成图案，从中我们可以获得灵感，在进行印花纺织品设计时可以加以借鉴，营造一种空间感、深度感与错觉。

18
在这个柱体内，可以获得结构透视、纹理和图案等视觉效果。

19
物体的内部结构，如这个打结的渔网，可以直接开展纺织品结构调研。

观察和分析结构

结构具有许多不同的形式，一些是柔和的，一些则是坚硬的。我们身边有很多实用性、功能性、装饰性与图案性的结构。根据创作的纺织品类型，你需要捕捉不同类型的视觉信息。

对于要创作的纺织品，你可能需要思考实际的三维结构。使用什么材料？纺织品的表面之下是什么？形式、纹理和光泽如何？

对于纺织品的表面和印花而言，比例、透视、线条、图案和构成之间可能具有较强的关联性，其实，二维的平面效果是最终设计目标。

在你的视觉调研中，你可能希望综合利用一些结构，因此，在这里应当对这些结构加以思考。

人体　人体素描有助于我们观察人体，将人体视为三维体，并且分析人体的体型与空间。人体素描还有助于我们理解人体的柔软结构、骨骼骨架和四肢运动。通过学习人体结构，我们可以为人体用纺织品设计选择最佳的方法。另外，我们可以绘画动物的骨骼构造，这也是一种不错的灵感来源。一些博物馆里陈列了鸟类和哺乳类动物的展品，因此是我们进行结构调研的理想场所。

建筑　与人体不同，建筑展现的是坚硬、静态的结构，可以作为我们绘画的灵感来源。现代建筑多选择新型材料，通常，玻璃和混凝土是最主要的材料。古典建筑则呈现出更多的装饰性，例如石刻图案、木制门框和精致的铁艺，展现出截然不同的视觉效果。在每一个城市的中心，我们都能看到大量的建筑作品。当我们要调研建筑物时，一定要观察、思考施工建筑，甚至包括脚手架和暴露在外的内部结构，这非常重要，可以提供我们特别的结构来源。

混乱结构　我们身边的许多结构并不是特意设计或组建的，其中不乏令人惊奇的混乱结构。例如，堆积在洗碗池中的餐具、拍卖的杂物、废品堆放场和自行车修配车间，从中你可以发现许多可以利用的随意结构。

20
　这是斯蒂芬妮·苏拉夫斯基（Stephanie Szumlakowski）创作的钩针编织样品，采用弹性纱塑造结构。

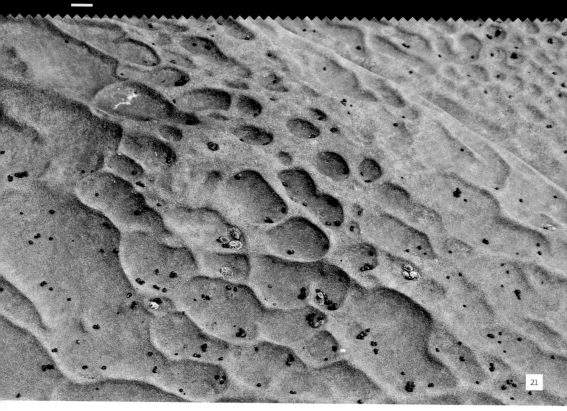

21

　　纹理通过其触觉和视觉来传递一系列信息，使人们产生情感感受。不同的纹理引发人们不同的感受。一些纹理的表面极具触感，而另一些表面则具有防水效果，可见纹理反映了表面效果。大多数纹理具有天然风格，有些重复呈现一种不规则的图案。对于这些纹理，你可能会留意到其重复性的图案，但是你可能会更加留意其表面效果。

"纹理是表现两种感觉——视觉和触觉的一种方式。"

纳尼·玛尔奎纳（Nani Marquina）

21

　　沙滩表面也具有纹理，它给人留下海浪运动的印象。这种纹理具有短暂性，它随着潮水而不断改变。我们应当捕捉、表现这种纹理，可以尝试利用各种媒介、方法，例如摄影、水墨绘画、素描、拼贴等。

22

　　这是一个已被腐蚀的金属底座的纹理。在你的绘画中，尽量表现金属的脆裂效果，可以描绘金属表面开始脱落时的纹理。可以使用不同类型的材料和工具，如虫胶漆、拷贝纸和箔片，表现不同的纹理。

23

　　皱树皮具有各种不同的纹理层次，类似于等高线地形图。想要创作出自己的等高线地形图，可以使用不同厚度的纸张，思考如何创作表面纹理。

24

　　脱皮油漆能产生有机纹理，类似于地衣和真菌。在这张照片中，背景和脱落的油漆之间颜色反差强烈。仔细分析颜色变化，然后采用各种不同的材料和工具来表现色彩和纹理的特点。

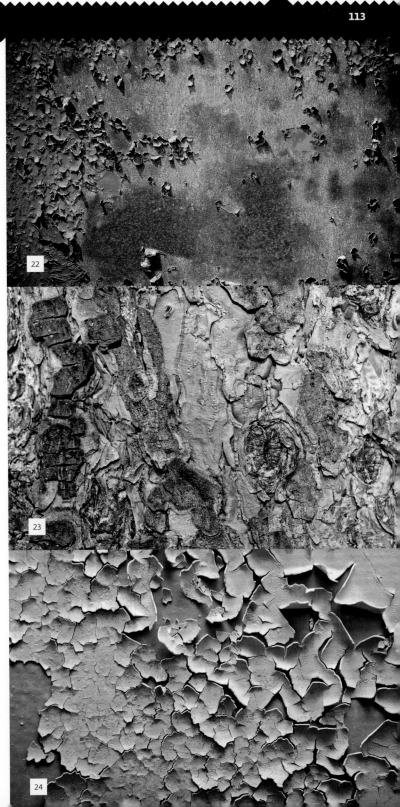

> "得到一个好灵感的最好方法是得到许多想法。"
>
> 莱纳斯·鲍林（Linus Pauling）

触觉纹理

触觉意味着触摸。触觉纹理，指的是表面的触感、手感。如果设计的纺织品将用来穿着或触摸，那么触感就需要重点关注了。纺织品表面的真实纹理要么能够触摸到，要么能够看到，灯光照射在表面上，纹理会显而易见。对于视觉灵感源调研而言，拼贴很重要，这是一种行之有效的方法。例如，我们可以利用美纹纸或其他有立体纹理的材料来制作有触感的表面。

视觉纹理

视觉纹理，指的是表面纹理给人的视觉效果，尤其是错觉。它与触觉纹理的外观密切相关。例如，思考一下，如何利用摄影技术捕捉视觉纹理。不管照片上的物体看起来多么粗糙，但照片的表面却始终光滑平整。视觉纹理总是存在的，因为每一件物体都有表面，因此，就存在纹理。当我们利用照片作为拼贴材料时，纹理就开始发挥重要作用。你可以在绘画作品中采用许多纹理，结合色彩与图像，使人产生错觉。拼贴可能是一种有效的绘画方法，通过拼贴，你可以创造出丰富多样的色彩、纹理和图像，这些都是纺织品调研的工作内容。

视觉纹理与触觉纹理是两种类型的纹理，对设计师来说都非常重要。视觉纹理在平面印花纺织品中运用较多，而触觉纹理则主要运用于针织物、机织物以及混合材料的纺织品中。

25
此页的图片均来自一位学生的写生本，学生对许多纹理及其相互关系进行了研究与探索。这位学生具有分析不同表面纹理的能力，同时能够将纹理与其他元素（如结构、颜色和图案）一起结合运用。

> "对于一幅绘画的表面而言，纹理可以增加多样性和视觉效果。"
>
> 布里顿·弗朗西斯（Britton Francis）

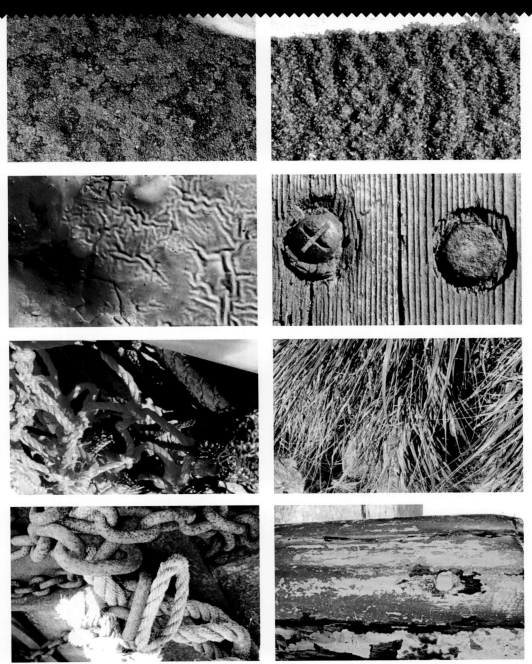

纹理和图案

纹理和图案相互关联。当你仔细观察一个物体时，例如一棵树，你会看到树叶表面的图案。当你后退的时候，你会忽略树叶而注意树叶的纹理。随着你渐渐远去，你会看见构成森林的树木的图案，这最终构成森林本身的纹理。通过这种方法，图案和结构变得显而易见了。

纹理和结构

利用材料的变化和不一致，可以创造纹理。例如，在黑白绘画中，采用不同宽度和厚重感的材料与线条，可以形成自然变化。这里不需要使用色彩。织造纺织品，特别是机织物，需要依赖技术，需要选择不同重量、厚度、类型的纤维和纱线。

26
从这张图片上可以看到，无论是长满蓝铃草的草地，还是树木枝条，其纹理和图案都是互相关联的。试着看看你周围和远处，这样，你将注意到处于同一区域的各种纹理和图案。

27

27

　　这是西班牙一家商店外的商品展示——帆布鞋。无论你身处何处，请记住捕捉各种纹理。当观察纹理的时候，请留意纹理之间的关系，例如照片中的砖墙纹理、门框纹理、帆布鞋的橡胶底纹理和麻绳底纹理。

28

纹理和情感

　　不同的纹理带给人们不同的心理感受。例如，华丽的天鹅绒面料给人优雅时髦之感；而皮革面料则给人阳刚洒脱之感。我们可以巧妙运用风格截然不同的材料与纹理，从而给观者带来多元化的心理感受。平滑的纹理通常不显得突兀，如果过于常规反而会突出其他元素，如颜色和图案。

　　粗犷的纹理往往更吸引人，这可能令其他设计元素黯然失色。判断一种纹理是否柔软，通常需要触摸。柔软的质感通常给人温和、舒适的感觉。但它不一定只带来柔和或童真的感受，也可以通过无威胁的方式表达有难度、有挑战性的理念。如弗雷迪·罗宾斯编织的"罪恶的针织之家"（参见第 72 页）向我们展现了这一点。

"我让面料看起来像毒药一样。"

三宅一生

28
　　利用纹理可以表达深沉的情感。在这件作品里，学生通过羽毛图像和油性纹理表达了矛盾的情感与设计主题，例如富裕、死亡和恐惧。

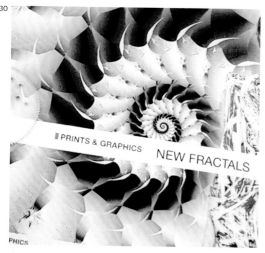

我们多数人都将图案视为各种形式、线条、符号、色彩与明暗的集合体。作为一名纺织品设计师，你在调研的初期阶段应对图案进行观察和分析，这是后续工作的基础，有助于将这些图案应用于具体的纺织品设计中。人们很少孤立地观察图案，因此，本书从色彩、外观、结构和纹理的角度，对图案进行了识别、记录和分析。在整个调研过程中，你应该收集各式各样、具有不同结构与纹理的图案。

为了创作图案并成为一名合格的图案设计师，你首先需要从自己所在环境中收集图案。作为图案的创作者和设计师，你需要了解图案并具备一定的应用能力，这也是最基本的要求。为了让你充分了解图案的用途，本书对身边及纺织品领域中的各类图案进行了探讨，这将有助于你掌握收集与应用图案的方法。

"如果图案设计存在'秘方'，那就是应用技巧，图案创作者可以利用一些视觉策略，遵循重复和变化的原则。"

威廉·贾斯特曼
（William Justema）

29
　　建筑工地是寻找、收集图案和结构的好地方。这里展示了一些陶土排水管，它们堆积在一起，形成了一个几何图案。

30
　　图案的灵感来源多种多样，可以是博物馆、美术馆、展会，也可以是我们每天的必经之地，在这些地方我们总是能找到需要的图案。如图所示，这是一本关于分形几何学的著作，里面收录了自然环境中很难看到的事物的特写照片。

31
　　这是一张金属穿孔的照片，展示的图案具有凹凸效果。无论是平面二维物体，还是三维立体物体，都可以从中找到图案。看看你的周围，请找出各种不同的图案。

31

什么是图案？

　　在纺织品设计中，图案运用广泛，无论是通过平面印刷，还是利用机织、针织组织结构，都可以形成图案。设计师常常从审美角度运用图案，力求其美丽、有吸引力、有特色、柔软、舒适、前卫或者具有梦幻效果。对于观看者与使用者而言，图案一定要有吸引力，从而引起情感上的共鸣，因此，设计师必须充分发挥自己的聪明才智与专业能力，使图案达到要求。

　　图案来源于自然界，很多领域的设计师都以自然界作为他们的灵感来源，动物学家达西·汤姆森（D'Arcy Thompson）和建筑师彼得·史蒂文斯（Peter Stevens）曾阐述道：在自然界，存在五种连续的图案结构，它们是：

　　枝杈纹结构　想想你身体里的动脉是如何扩张的？或者想想树木是如何从生根到枝繁叶茂的？在纺织品设计中，枝杈纹的排列遵循一定的规则性，如面料表面的一些根状图形，它们向外扩张，构成一个完整的图案。

32
　　这是为机织物设计的图案，图案是纺织品创作过程中的一个重要组成部分。该作品的设计师注重视觉效果，通过交织的纱线与纱线纹路，设计出机织物图案，完成了创作。

33
　　如图所示，蒲公英的上端很好地展示了爆炸纹结构，这种结构属于我们所探讨的五种图案结构之一。在纺织品设计中，爆炸纹通常为点状图案和漂浮状图案。

34
　　这张图片展示了如何利用枝杈纹结构创作图案。

33

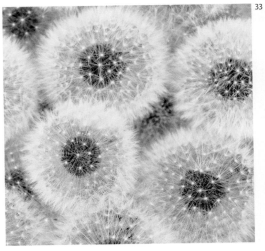

34

"关于视觉形式，我们认为自然界有其自己的偏好，一些图案比较多见，如自然界中常常出现螺旋纹、回纹、枝杈纹……可见，自然界发挥着创造者的作用。"

彼得·史蒂文斯

36

37

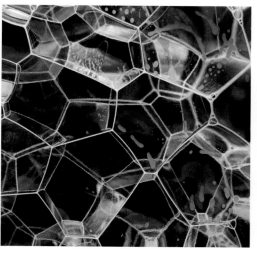

35

38

波形纹结构　波形纹是一种蜿蜒的线，仿佛一条长而弯曲的河流。它可能呈现出流畅、光滑或单一的特点，也可能集若干特点于一体，颇具动感。如果将波形纹拉直，波形纹就变成了条纹。将条纹重复排列，就构成了一种简单、普通的重复结构，特别适合于针织物和机织物。我们从身边可以获取许多条纹的灵感，如挂在衣杆上的衣服，又如水面上显现的景色倒影。无论我们身处何处，总能看到各种各样的条纹。条纹本质上结构简单，但是想要条纹在比例、色彩和纹理上达到谐调，则需要潜心调研。时装公司米索尼（Missoni）在多年前创立了时装品牌，其设计多取材于条纹图案，并应用于针织服装、配饰和室内物品（参见第 152、153 页）。

泡泡纹结构　煮玉米棒子会产生气泡，想一想气泡密密排列在一起的样子；浴缸里常常有大量的肥皂泡，想一想肥皂泡相互粘连挤压的形式。这些泡泡构成了独特的图案与纹理。

爆炸纹结构　想象一下，一滴水从上往下滴落，在撞击桌面或蒲公英花蕊的瞬间，形成从中心点向四周爆炸开来的图案。这种爆炸纹被广泛地应用于纺织品领域，在设计中，经常由简单的斑点图案或者漂浮式图案构成。

螺旋纹结构　螺旋纹是一种极具文化内涵的符号，在不同的文化中，螺旋纹所包含的内涵有所不同，例如，在凯尔特（Celtic）文化中螺旋纹代表着永恒。在自然界中，可以看到许多螺旋纹，例如贝壳、松果和蕨叶。因为螺旋纹具有流动性和曲线型，所以在纺织品中被广泛运用。

如果你仔细观察周边的环境，不难发现，以上五种图案结构被广泛运用于结构设计和外观设计中，从建筑物、纺织品到各种图形中，处处可见。

35　这里的肥皂泡图案表现了重复性结构，而彩虹色赋予这种结构别样的光彩。

36　螺旋纹，在自然界中非常常见，经常运用于建筑领域中，例如图中所展示的办公大楼就运用了螺旋纹结构。

37　波形纹在贝壳中很常见，这种图案具有连续性，由里向外一直延续至贝壳的边缘。试着对自然界多加观察，你会发现很多事物中都存在波形纹，如贝壳、舒展的蕨叶，但其波形纹却不完全相同。

38　可以利用波形纹设计条纹图案，当然这些条纹通常并不平直，如图所示，当条纹与条纹相交合并时，其原来的色彩会改变、褪色。

图形

　　我们认为，图案通常是相似形状或结构按照一定的间隔重复排列，例如条纹（或波形纹）、泡泡纹。这些形状或结构需要一个装饰形式，即"图案"。在纺织品设计中，运用图形的主要方法是重复。

　　确认一个图形是否可以采用重复的方法，这是设计师的主要工作之一。在一个图案中，我们可以确定单一图形或者一组图形，然后以此进行组合构图，完成初步设计。我们可以将图形作为图案设计的重要元素。

　　收集视觉信息有助于我们找到重要的设计元素或者重复图形。在自然界中我们不难发现，很多图案都有一个核心结构或形式，在某种程度上，其核心结构或形式因颜色、纹理、结构等而有所差异。

　　请仔细观察这些差异，无论这些差异是多么的细微，都应当尽力观察，捕捉图形的基本特征。

　　在初期阶段，你还应当仔细观察自己的图形设计，分析个人设计特点，从而创造出独具个人特色的设计语言。

39
　　这张图片由卡丽·弗格森（Carrie Ferguson）创作，描绘的是飞鸟图案。绘画者增加了一些箭头符号，使图案富有动感。

40
　　这是一张飞鸟图案，设计师对一些图形元素进行了重复运用，由于对图形元素排列巧妙，因此图案和谐而完整。

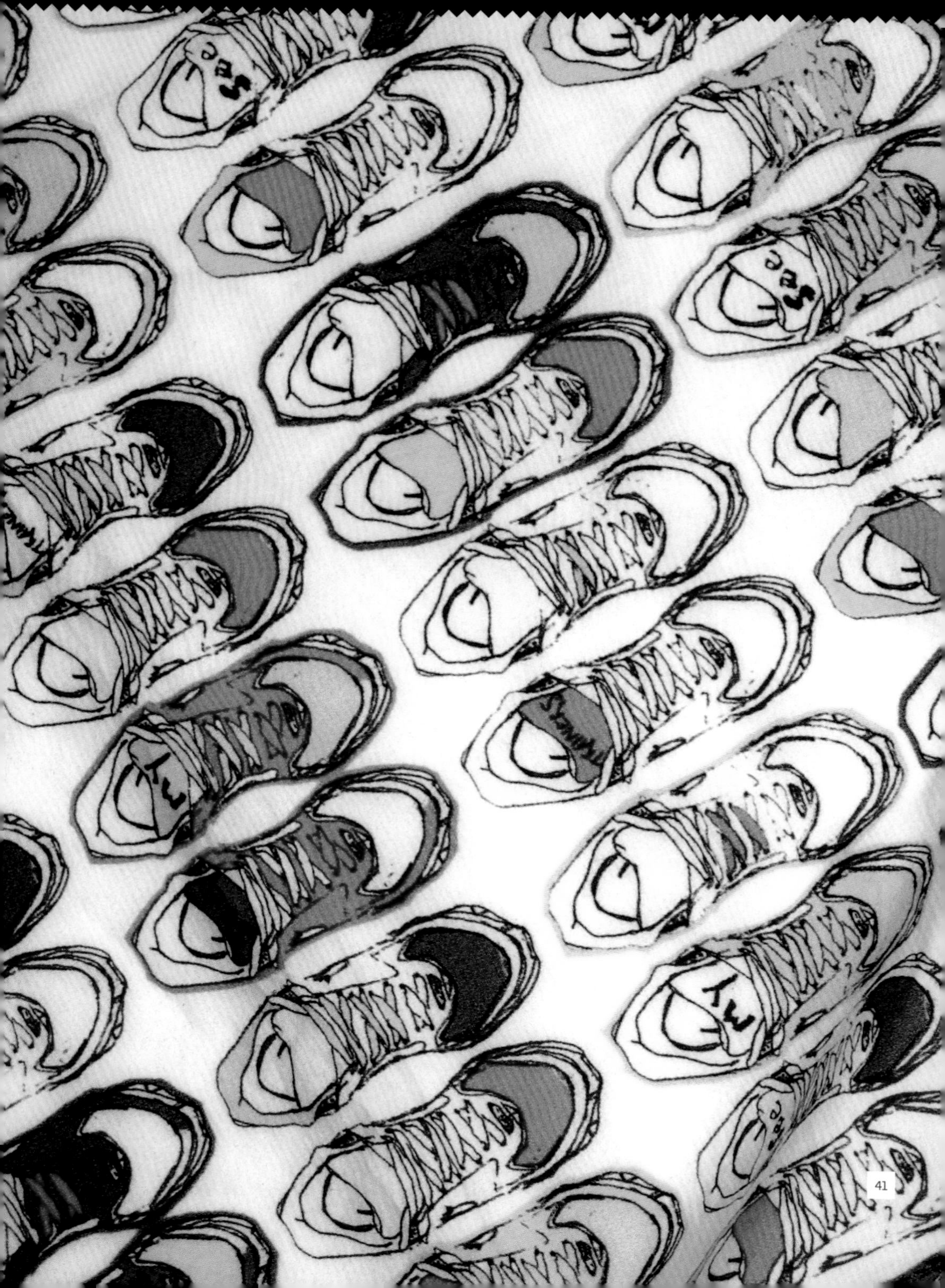

41

重复运用

如前所述，通过对一个图形或一组图形重复运用，可以形成图案设计。在纺织品设计领域中，这种重复运用图形的方法极其常见，从壁纸、装饰布到时装秀场，随处可见。毫无疑问，对图形的重复运用是纺织品设计的常用方法，非常实用。作为设计师，应当掌握这种方法，这非常重要，有利于纺织品的设计与制作。

迷彩图案

迷彩图案最初主要用于军队，而现在已经广泛运用于时装中。迷彩图案素材（Disruptive Pattern Material，简称 DPM）常常源于自然界，受到了自然界的启发，现在越来越多的设计师开始运用迷彩图案。

图案练习

我们已经讨论了图案的重要性，并分析了构成图案的关键因素。这里进行图案练习时，你需要把自己作为图案的搜索者，去识别各种图案结构，去发现装饰性的形式或图形。请选择一些自然结构，从中思考组建图案的方式。

你可以看看书架上的图书、屋顶上的瓦片或者人行道上的图案。试着找出具有重复元素但却并不明显的图案。一旦你找出图案的结构，可以通过绘画或相机将它们捕捉、保存下来。你应当把自己作为视觉素材的发现者，认真观察图案的颜色、结构、外观和纹理，尽可能地收集各种素材信息。

41
整个图案由设计师卡林·爱德华（Carlene Edwards）创作，设计师对相关图形元素进行了重复排列。

因卡·修尼巴尔是英籍尼日利亚裔当代艺术家，目前在英国伦敦工作。他创作了大量作品，如绘画、雕塑、摄影、电影和表演，其中很多作品都反映了他对殖民主义和后殖民主义的反思。在创作中，他频繁使用纺织品，以此表达相关文化、种族和社会意义。他的作品在世界各地展出，包括美国纽约的布鲁克林博物馆（Brooklyn Museum）、美国华盛顿史密森学会（Smithsonian Institution）的非洲艺术博物馆（The Museum of African Art）和英国伦敦特拉法加广场（Trafalgar Square）的第四基座（the Fourth Plinth）。

▶ **42**
恰恰恰（1997 年）

这是一双女士鞋，鞋面是非洲印花面料。修尼巴尔通过在女士鞋上运用非洲印花面料，表达了对20 世纪 50 年代舞厅的见解，也反映了非洲人民渴望独立的时代到来。

▶ **43**
闲暇女士和哈巴狗（2001 年）

如图所示，这是一个与真人一样大小的人体模型以及几条用玻璃纤维制成的哈巴狗。人体模型的服装面料为荷兰蜡染棉布。修尼巴尔通过纺织品和非洲面料来探究种族、阶级和殖民主义。

43

蒂姆·格雷萨姆从事挂毯编织和摄影工作，这两项工作虽然媒介材料截然不同，但其工作时，对结构和图案的运用理念却非常相似。他被这两项工作之间的差异深深吸引：挂毯编织的速度缓慢，产品是有条不紊地一点点增加；而摄影则是瞬间完成，常常是无意识的就拍摄了照片。

你是如何开始的？

我的专业是创意艺术，毕业于达林唐斯高等教育学院（the Darling Downs Institute of Advanced Education），现已更名为南昆士兰大学（the University of Southern Queensland）。毕业后，我在澳大利亚挂毯车间工作了五年，全职从事编织工作。在车间里，编织工与已定的艺术家（大多数都是澳大利亚艺术家）合作，共同完成一些大型委托项目。在1992年底，我离开了车间，开始与一家小型集团合作，我与该集团的

挂毯编织工一起工作了好几年，一起布展，一起创作大型作品。大约从1995年起，我开始了自己的个人创作，这得力于我的摄影工作，尤其是为其他艺术家拍摄艺术品，从这些摄影工作中得到的报酬为我的个人创作提供了经济支持。

你在哪里工作？

在过去的12年里，我一直在科灵伍德（Collingwood）的一家大型工作室工作，工作室位于墨尔本近郊，是一个老旧的仓库，有两层楼和一个地下室，地下室被划分为大小不一样的空间，有的设计为封闭式，有的设计为开放式。一些人租用了这些空间，有年轻的艺术家、刚出校门的手艺人、时装设计师、建筑师和摄影师……一所表演学校也开办在此，占据的空间较大。在这栋楼里，大约有90多人在从事同一种工作。

45

你的工作室环境如何？

工作室是开放式设计，且通风明亮。我所在的区域也是开放式设计，光线从窗户照射进来，自然光线很好。尽管有很多人都租用了工作室工作，但是我所在的区域常常很安静，因为我附近的其他工作人员并不是总待在这里工作。

44

你能谈谈你的设计流程吗？你如何获得灵感呢？

我的设计流程因作品本身而有所不同，但设计的起点通常是照片。我总是从黑白照片着手，专注于各种形式和图案，并常常用绘画的方式概括图像，确定适合编织的设计思路，同时不断思考挂毯编织的质量、技术和不足之处。因为我总是尝试寻找最简单的解决方案，思考斟酌可以运用的技术，所以设计的过程很缓慢。整个过程中，非常重要的一点是要勤于思考，确保整个编织过程顺利且令人愉快。一旦我开

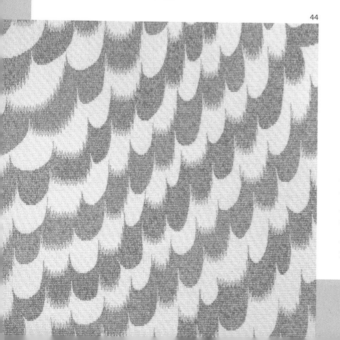

始创作作品，设计想法就会层出不穷。我喜欢采用轻松随意的手绘设计，可以令我的挂毯作品形式多样、图案丰富，有时候我会直接在纱线上进行手绘设计，而不是直接选用一个卡通图样。这种自发的随意性与编织结构的准确性形成鲜明的对比。如果我要创作一系列大型挂毯，通常会先编织一些小样或模型，以完善设计构思，并将这些小样或模型与最终的大型挂毯作品一起展出。

为什么你要做调研？为什么调研如此重要？

调研的目的是为了收集图像资料与获取灵感。调研的工作之一是观察其他艺术家的作品，尤其是符合自己审美的作品。这将有助于完善自己的设计想法、确定作品方向。我认为，应当对早期与当代艺术家的作品进行观察、调研，并找到适合自己的艺术风格，这非常重要。

你的调研主要源自哪里？

我的调研主要源自于我拍摄的照片。我可以花几个小时浏览我的旧照片，以便挑选一张进行借鉴设计。有时，我会带着相机在城市中漫步，拍摄一些新奇的图像，也会去一些美术馆参观调研。如果某地有我想要拜访的特殊艺术家，我会用谷歌搜索相关信息。

什么事或人对你的创作产生了最大影响？

我认为，对我影响最大的是现代主义艺术、设计和建筑。这里仅仅举几个艺术家为例，我喜欢布里奇特·赖利的作品，喜欢马克·罗斯科（Mark Rothko）和杰弗里·斯玛特（Jeffrey Smart）的酷酷的风格，还喜欢城市景观。此外，我从挂毯编织工那里获得了一些创作灵感，在这里也仅仅举几例，如阿尔奇·布纳恩（Archie Brennan）、苏珊·马丁·马菲（Susan Martin Maffei），当然还有其他许许多多的英国编织工，我的同事兼朋友莎拉·琳赛（Sara Lindsay）也给予我很多灵感。当然，摄影师对我的影响也很大，例如，比尔·勃兰特（Bill Brandt）、亨利·卡蒂埃·布列松

（Henri Cartier-Bresson）、爱德华（Edward）、布雷特·威斯顿（Brett Weston）、比尔·亨森（Bill Henson）……可以说不胜枚举。我现在居住在墨尔本，我的灵感大部分来自当地的环境，如城市的景象、周围风景及色彩。

目前你最大的成就是什么？

我认为我获得的最大成就是，在 2003 年当选为澳大利亚维多利亚州立美术馆举办的西塞莉 & 科林里格（Cicely & Colin Rigg）当代艺术设计的决赛选手并荣获大奖。我为此次展会创作了巨幅作品，最近，阿勒山（Ararat）地区的一家致力于当代纺织品收藏的画廊收购了这幅作品。

你有什么建议给那些想从事纺织设计的人？

我认为自己并不是一个纺织品设计师，甚至不是一个纺织品艺术家或手艺人。但是，我认为有一点很重要，即思考自己的创作方向，也就是自己的作品何去何从，要认真思考，想出好的创作办法。应该明白，创作方向可以改变，有时候即使是很小的一个改变，也会表现得相当显著。

44
"频率 Ⅳ"，2008 年，60cm×60cm（23 英寸×23 英寸）

45
"流动模块 Ⅲ"，2008 年，60cm×60cm（23 英寸×23 英寸）

46
"模型 Ⅷ"，2009 年，15cm×15cm（6 英寸×6 英寸）

"这里没有规则，只有工具。"

格伦·威尔普（Glenn Vilppu）

1

第**6**章

写生绘画技法

　　开展纺织品设计需要绘画，然而人们常常对绘画产生误解，很多人视其为苦差，因为绘画工作必须在设计作品之前完成。其实，绘画对设计非常重要，是设计的基础，为设计提供了丰富的素材。

　　传统的绘画技法不一定是最合适的，你应该发展自己的绘画风格，形成鲜明的个人特色。

1

　　学生的写生本——画面上绘制了古老的缝制设备。绘者是一个学生，绘画时主要运用了线条，通过蜡笔和颜料的涂抹，塑造出了三维结构。

2

　　这里没有"正确"的绘画方式。一些人善于观察或绘制"现实主义"绘画，他们对比例、尺寸以及构成具有较好的理解，这有利于他们准确表达主题，然而并不代表他们就是非常优秀的纺织品设计师。

　　从本质上讲，绘画涉及灵感、实验、检验，设计师可以通过一系列绘画技法实现视觉化效果。绘画的过程充满了变数和高度的创造力，可以说，绘画对于最终的设计作品具有举足轻重的作用。

主要绘画材料工具

铅笔：8B、6B、4B、2B、HB

小卷笔刀

炭笔：6B、2B，白色炭笔

压缩炭棒、几根炭条

软性藤木炭笔

橡皮

色粉笔

蜡笔

水粉颜料

水彩颜料

墨汁：黑色和各种颜色的墨汁

绘图墨水：棕黑或深褐色的墨水

笔架和钢笔尖

几个毛笔刷：大、小笔刷

固定剂

胶带

水墨画法

　　水墨画法是一种非常简单的绘画技法。通过墨水、钢笔，可以创造大量随意洒脱的符号、笔触和线条，其本质是在浸湿的画纸表面上产生墨水渗晕的效果。

　　作画时，首先用水将画纸表面打湿，打湿的工具可以是海绵也可以是大刷子。然后用钢笔尖或者其他类似的绘画工具（甚至可以是小棍子或羽毛）浸蘸墨水，再在打湿的画纸上绘画，当墨水接触到画纸时，其线条会立即向周围渗晕。设计师应当对这种绘画技法进行试验以便掌握控制画面效果的方法，可以尝试多种方式，例如，可以选用其他不同表面的画纸，如水彩纸与画图纸，对比作画时将发生怎样不同的效果。尝试采用不同浸透性能的画纸，从而掌控墨水渗晕的效果。另外，也可以将画纸的一些地方刷水而另一些地方不刷水，以此实验绘画的效果。

　　你也可以采用洗涤法，例如"化开"，将颜色晕开。也可以尝试其他方法，如先用墨水绘画，然后用漂白剂绘画，从而达到褪色的效果。

2
　　如同这张图片所展示的，利用水墨画法可以创造一种自发的、意想不到的绘画效果。采用可以找到的各种工具进行试验，例如树枝和羽毛，从而探索不同的水洗晕染效果。

3

颜料和铅笔的使用

你应当熟练使用某些颜料。水粉和水彩是设计师常用的绘画颜料，其特点是容易调色、绘后快速变干，而且能够较好地保持色彩的鲜艳度。如果同时使用多种类型的绘画材料，则需要巧妙运用不同的方法，既要发挥各自的优点，又要相得益彰。可以尝试先用铅笔绘制线条，勾勒对象，然后用颜料上色晕染，你将看到铅笔绘制的线条在表面显现出来，接下来，尝试使用铅笔和颜料一起细细描绘你的作品。

> "这里能看到你做的事情非常神奇，你仅仅使用钢笔尖和一瓶墨水便能创造出纹理、色调和颜色。"
>
> 艾达·伦图·奥斯维特
> （Ida Rentoul Outhwaite）

海绵涂抹法和刮擦法

　　海绵涂抹法是一种运用海绵涂抹颜料的技法。针对大型的凹凸不平的表面，可以采用覆盖的方法创造出令人惊叹的效果。请尝试用海绵涂抹白色的乳胶墙漆，这种墙漆的价格相对较为便宜。一旦墙漆表面变干或者结成硬皮，就可以开始"刮擦"涂料的表面。刮擦时，可以尝试使用各种不同的工具，例如树枝、手术刀、铅笔甚至大头针。

3

　　这是学生绘在写生本上的画作，学生对建筑的结构进行了调研，表现的工具是颜料与铅笔。

4

　　这是一个学生的绘画案例，绘者使用海绵涂抹厚厚的颜料，然后再进行刮擦，从而创造出凹凸不平的表面。

4

使用线迹绘图

缝纫设备也可以作为绘图工具。通过移动缝纫机的针脚，你可以开始"自由缝合"，从而创造出不同寻常的线迹。也可以尝试使用没有线的缝纫机在画纸上操作，然后将画纸对着灯光，可以看到表面呈现出孔眼效果。如果你没有缝纫机，则可以找来一根针，直接在画纸上手缝线迹。请尝试在画纸上拖拽缝纫线，从而创造出褶皱纹理。

5
这是一个毛毡刺绣品。该作品显示了线迹也可以作为绘画元素。

6
在这个作品案例中，学生使用线迹在画纸上创作，创造出不规则的线迹和凸起有趣的表面。

7
这个作品案例集多种技法、工具与绘画元素于一体——痕迹创作法、水墨画法、墨水、炭笔、线条等。

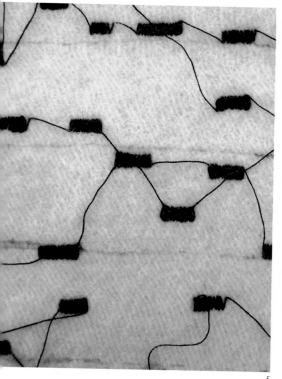

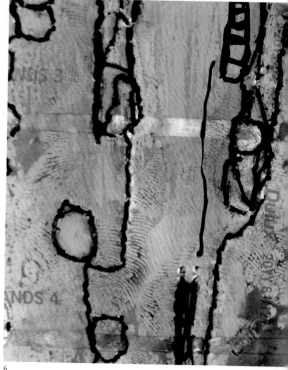

5　6

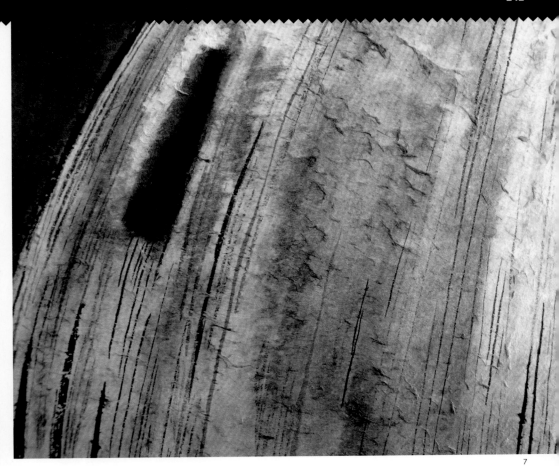

7

痕迹创作法

　　如前所述，利用痕迹创作法可以创造出颇具动态的表面效果，并运用于纺织品设计中，可见，痕迹创作法具有重要作用。许多技术都适用于画纸或其他素材表面，从而创造出一系列随意自然的痕迹。

8

绘图练习

　　首先，选择一些物品作为观察对象。不要预先考虑画作的内容是否看起来是一些特别的物品，而是尝试选择有一定意义或者内涵的物品。将这些物品排列在一起，可以彼此左右相邻或上下相邻。接下来，在一张 A4 纸的中心裁剪出一个 4cm×4cm（1.5 英寸 ×1.5 英寸）的窗口，从而制成一个观察器。围绕之前排列的物品，移动观察器，从窗口处寻找有趣的构成形式。

8
　　这是一些写生画，是在公园里创作的，使用铅笔和颜料绘制而成。每一幅写生速写都提供了不同的信息，设计师回到工作室后可以进一步利用、发展这些信息。

先选用一张大纸，最好是 A1（D）纸，然后准备好快速绘制一系列富有动感的画作，注意，每一次绘画的工具要有所不同，可以分别选择马克笔、铅笔、炭棒、圆珠笔、细线笔、大刷子、蜡笔或炭笔等。请尝试站着绘画，这将便于你移动，增大手臂伸展的范围。请使用相同大小的纸张进行绘画练习。在每一次的绘画练习中，请变化取景位置并根据需要旋转画纸。

凭记忆绘画

请仔细观察你要绘制的物体两分钟，按照你所确定的取景位置尽力记住物体的形状。然后遮盖住物体，凭借记忆绘制它。

绘画连续的线

绘制物体时，一定要将视线与注意力全部放在物体上。虽然眼睛并不看着画面，但笔尖却触及画纸，绘画时间为两分钟。

利用胶带绘画

利用遮蔽胶带画双线，完成绘画构图。注意，所画的每一条线都要有作用，绘画时间为两分钟。

如果想绘制较大尺寸的作品，可以找来一根长棍，试着用胶带将绘画工具捆绑在棍子的末端，用它绘画。将你的画纸放在地板上，重新排列你想绘制的物体，同时控制好绘画时间。

在画纸上使用不同的工具重复上面提到的绘画练习。这种计时的、快节奏的练习有助于你快速观察和创作富有动感的作品。

请回顾自己曾经创作的画作，这至关重要。使用遮蔽胶带、纸质观察器或相机，确定自己感兴趣的地方。有可能你感兴趣的是各具特色的标志、构图或新结构。记住，这是绘图过程的一部分。

设计学之间的界限变得越来越模糊。当今，纺织品设计师大量运用其他类型的材料，常常使其作品耳目一新，尤其是使用混合媒介的写生绘画技法，为纺织品带来了新的发展空间。

运用混合媒介，即指运用两种或两种以上的媒介进行某一作品的创作。运用写生绘画技法，设计师可以创造出各种不同的表面和纹理。创作时，还可以结合传统绘画媒介，例如颜料和铅笔。

运用混合媒介，能够加强绘画性，其相关方法很多，例如，可以对线条、色调、纹理、造型和结构进行巧妙运用，可以将传统材料与其他类型的媒介、素材（如拼贴画、颜料、纸张结构和电线）结合使用，可以探究二维平面效果和凸起效果。

这里列出了一些常用的混合媒介运用技法。

拼贴

拼贴是将不同类型的材料组合在一起的方法。一幅拼贴画中可以包括各种各样的材料，例如报纸、杂志、彩色手工纸、照片、明信片以及许多其他可以找到的物品。

9

这是学生创作的拼贴画，采用一系列可以找到的剪贴纸材料制作而成。拼贴法可以为绘画提供一系列的图案和表面效果，接下来可以进一步发展成绘画和设计作品。

"当今社会的发展日新月异，我使用的材料范围也发生了变化，从木头、纸、塑料到金属都有。"

凯伦·尼克尔

拼贴练习

收集一系列可以找到的纸质材料，例如使用过的信封、邮票、纸板、旧裙子的图案样本、地图、报纸、公交车票或者购物小票等。

使用一张 A2（C）大小的纸，将你找到的物品汇集并粘贴在一起，同时，观察你的作品（尤其是绘画技巧）。思考你找到的这些物品的形状及相互之间的重叠方式。然后运用扯、撕和切掉纸边缘的方法进行重新组合、创作。可以运用传统绘画材料来强化细节和色彩，使拼贴设计得到进一步拓展。

10

凸纹

要创造凸纹则涉及表面创作。可以通过分层规划和重叠拼贴材料创造凸起的表面。请采用不同的材料，例如，可以在一种材料的表面放上一张薄纸，这样材料的纹理、花纹或者色彩可以透过上面的薄纸显现出来。

10

这是学生的绘画作品，除了画纸还使用了牛皮纸和颜料。由于作品表面多使用了一种材料，因此凸显了绘画的色彩深浅和色调对比。

11

这是学生的作品，使用挖剪的方法创造出线型图案。由于是将大量挖剪的纸片重叠，因此作品富有层次空间感。

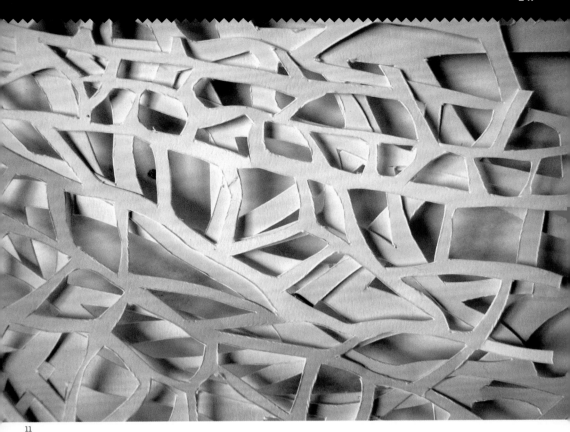

11

观察线条

在创作时，注意观察线条，并尝试多种方法，而不要总局限于平面"绘画"。使用缝纫机进行"绘画"是方法之一。线条也可以用于三维空间的创作，例如，可以选择一条易弯曲的电线，以便扭曲。

也可以试着使用解剖刀切割纸，从而创造重复的线条与图案。这种方法改变了纸的手感、外观与特性，使它变得松弛或弯曲，从而创造出各种凹凸效果。

作者提示

采用一些方法可以改变纸的外观与特性，这里罗列了一些，例如：折叠、弯曲、滚轧、扭曲、撕开、压皱、切割、粉碎、刺戳、刻痕、编织、压条、打孔、碾碎等。

设计师通过比例可以从不同角度对物体进行调研。正如前面所提到的，纺品织设计绘画与调研密切相关。通过调研物体的外观、图案、纹理或结构，可以很好地开展纺织品设计绘画工作。

选择一个区域，你可以像科学家一样观察细枝末节。然而，你可能要用一个与实际大小完全不同的比例进行记录，记录时可以采用多种方式。首先，可以将所见之物以一个或大或小的比例记录下来。你也可以利用其他工具进行操作，例如影印或投影图像。你可以使用投影仪将图像投影到墙上，也可以投影或绘制到醋酯面料上。然后，将一张大纸贴在墙上，以一个全新的比例进行重新描绘。当然，也可以按照小比例进行绘制，绘制后的小比例图像常常是多个组合，形成具有重复性的新图案。通过复印或扫描，你可以将绘画的细节保存到电脑上，然后进行缩小或放大处理。

本书第 142、143 页上的绘图练习向我们展示了如何改变绘图的比例，即将铅笔捆绑到一根长棍上，然后利用它在贴于墙上的大纸上进行绘画。

12

该作品的创作者是一个学生，他首先拍摄了一张建筑照片，拍摄角度比较有趣。然后以这张照片作为绘画的参照物。他仔细观察照片，从中捕捉到了可以利用的色彩和比例关系。

13

这是一张炭笔素描，绘画者采用了透视画技法，且比例大小适中。

13

比例绘图练习

选择一张画作，标出 10cm×10cm 的一个区域作为重绘对象，然后将画作的其他区域遮蔽或覆盖。重绘时，采用单色，并按照 25cm×25cm 和 4cm×4cm 的比例大小完成。

二维平面绘画

　　二维平面绘画，是只显示长度和宽度尺寸的绘画技法。在写生绘画中，我们"压扁"了作品，除去所有与深度和错觉有关的额外信息。对于设计绘画而言，这可能是一种行之有效的方法。从鸟瞰角度绘画就是将这种方法付诸实践的极好例子。请从正上方的位置观察你的作品，你将注意到物体之间关系的变化。请将所有阴影或影像作为平面进行观察。

三维立体绘画

　　三维立体绘画增加了深度的尺寸。在绘画过程中，采用透视方法，合理处理光与影，从而赋予作品三维特性。请按照三维角度进行绘画，可以选择纸张或其他材料进行，通过切割等转变成三维形式。请用三维方式绘制物体，从而以全新视角思考创作。

14
　　这是学生的速写本，上面展示了三维空间的灵感素材（在这个案例中，其原始素材是一个高大的建筑），通过涂洗颜料，将其转变为二维平面图像。

15
　　这些都是容易找到的材料，如包装用的硬纸板，利用这些材料，可以创造出三维立体的凸起纹样，然后在此基础上进行绘画。

16
　　切割硬纸或纸板可以创造简单的三维结构。请采用二手书店的旧平装书和精装书进行试验，通过切割页面创造出各种三维立体的凸起纹样。

14

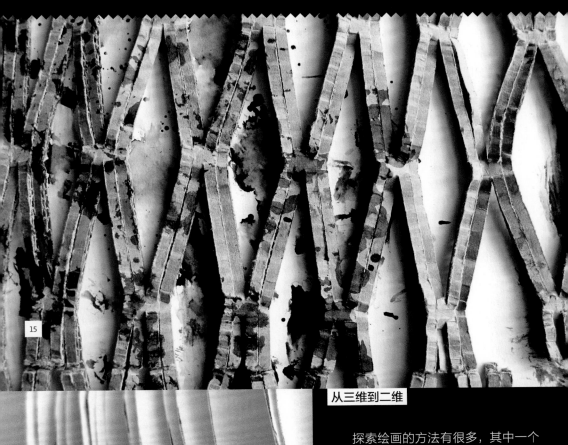

15

16

从三维到二维

　　探索绘画的方法有很多，其中一个有效的方法是：将绘画从一种维度转化到另一种维度。使用一张纸，对其进行切割、折叠和刺戳，把它改造成三维形式。接下来，请将它视为二维平面绘画的对象。取来另一张相同的纸，仅仅采用单色线条即可绘制出三维形式。

米索尼是一家意大利时装品牌，众所周知，该品牌热衷于各种色彩斑斓、图案丰富的面料，例如条纹、几何纹和花卉纹面料。同时，也以别具一格的针织系列而闻名于世。米索尼品牌现已进军家居用品与酒店领域，并创建了米索尼酒店，这是一种时尚生活连锁酒店，并计划拓展到世界各地。

▶ **17-22**

米索尼 2011 年秋冬设计

这是米索尼 2011 年秋冬"童话"系列作品，其灵感源自魔法故事与魔法精灵。这个系列采用了对比鲜明的纺织品，例如：冰淇淋色的粗花呢、花卉面料和皮革面料。

17

18

19

20

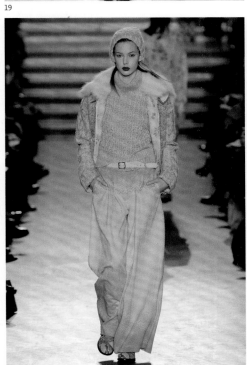

21

22

詹姆斯·唐纳德是一个手工编织者，目前创作了各种手工编织系列，其中包括围巾，这些围巾是他根据智能手机拍摄的图案编织而成。他还根据手机 APP 上的图画，利用传统材料与最新的激光切割技术，创作了文具、陶瓷和珠宝系列，并配以手工制作的商标。詹姆斯设计的范围非常宽泛、多元化，这有利于其发展自己的特色品牌，他是一个具有创造性的手工编织者和思想家，手工实践对其影响很大。

詹姆斯与他的商业伙伴菲奥娜·麦金塔（Fiona McIntosh，一个丝网印刷者）共同经营着一家零售设计店——有形衣橱。这家店铺除了销售他们自己的作品外，也销售苏格兰用品，此外还销售一些设计制作者及手工艺师的精良作品。

你是怎么开始的？

我先是获得了空间设计的国家高级证书（Higher National Certificate，简称 HNC），随后又获得了国家高等文凭（Higher National Diploma，简称 HND），在获得纺织工程学位之前，我一直致力于挂毯、编织和版画的创作。最近，我又获得了设计学硕士学位。

你在哪里工作？

我在一个大型工作室工作，该工作室位于爱丁堡（Edinburgh）利思（Leith）地区，一共有 45 个房间，能容纳 70 余人，工作室内有设计师、手工艺人和艺术家，大家一起工作。在工作室内，我有自己的工作间，里面放置了两台织布机——一台是荷兰制造，为娄特（Louet）32 轴电脑织布机；另一台是国内制造，为哈特斯利（Hattersly）织机，产自于 20 世纪 30 年代的哈里斯岛（Isle of Harris）。我在工作间里还储存了大量收集而来的纱线、书籍和面料。我将工作室视为公共空间，周末的时候在这里讲授编织课程。

你工作室的环境是什么样的？

我常常想，我营造了色彩斑斓、温馨舒适的氛围。工作室因为我的纱线而显得别具特色，这里总是让我回忆起一些访客和学生。虽然工作室让人感觉轻松惬意，但是它也提醒大家，这里是工作的地方。当我在这里工作的时候，我都是认真严肃的，并积极有效地利用工作时间。

23
这位男性模特身上围着一条手工编织的围巾，由詹姆斯·唐纳德创作。

24
这里展示的是双层编织物的细节，显示了复杂的凸起纹样，这正是唐纳德作品的一大特色。

25
这是对稀松组织的一个特写镜头，显示了设计中的光线作用。

你能告诉我你的设计过程吗？你是怎样捕捉灵感的？

我曾周游了苏格兰外赫布里底群岛（Outer Hebrides）和设得兰群岛（Shetland Islands），对相关的风景与环境进行了绘画、记录或拍摄，获得了很多的设计灵感。我利用苹果手机，对这些图像进一步操作处理，通过四种不同的应用程序，形成最终图片，我称之为"应用图画"。有时候，我使用混合材料技法重新绘制这些"应用图画"，然后将其转变为具有三层材料的织物结构系列。

我发现这种工作方法极具吸引力，且让我收获颇丰，现在我已经拥有一个既可工作又可参观的大型图像馆了。现在，"应用图画"已经开始得到应用，一些正用于家居用品，一些则运用于数码印花的时尚品。

23

24

此外，我乐于在各种场合与人探讨我的观点、理念和设计过程。我从未停止学习，喜欢探究，喜欢同他人分享我的秘密，我认为，这是推动部门发展的有效方法。

什么启迪了你？

是我周围的环境和人。我努力培养诚实坦率的工作态度，其中沟通是关键。

什么事或人对你的工作最有影响力？

对我有影响的事与人很多，我有一点收集癖，喜欢收集他人的作品。目前，我从陶瓷艺术家那里得到了很多启发，例如苏珊·威廉姆斯·埃利斯（Susan Williams Ellis）、约翰·克拉皮森（John Clappison）、杰西卡·泰特（Jessica Tait）、劳拉·斯科比（Lara Scobie）和克莱尔·克劳奇曼（Clare Crouchman）。

我喜欢国际旅行，可以让我遇到世界各地的设计师和制作者，我非常钦佩须藤玲子、新井淳一、田中千代子（Chiyoko Tanaka，日本）、利兹·威廉姆森（Liz Williamson）、达尼·马蒂（Dani Marti，澳大利亚）和马修·哈里斯（Matthew Harris）、劳拉·托马斯（Laura Thomas，英国）。

你一般从什么地方开始调研？

我总是从手工创作的符号开始调研。对我而言，这是我设计过程中的基础工作，创作一个符号，然后在各种新技术平台上进行组合运用，这大大激发了我的创造力。

你可以从头至尾描述一下你的设计流程吗？

我的设计流程中的关键因素是沟通和对犯错的认知。虽然我讨厌"错误"这个字眼，更愿意谈论"意外的幸福"，但是我理解遵不遵循设计流程都可能导致进展顺利。当我在攻读硕士学位的时候，我就了解到这一点，并且在我制作"应用图画"的随后几年里，进一步提高了设计方法。

你目前最大的成就是什么？

自毕业以来，我一直坚持自己制作产品，自己当老板。我充分意识到，也许明天我就会离开维也纳，说"再见"。对我而言，我还获得了其他方面的成功（当然，也经历了失败），但是，人们如何定义成功不可避免地带有个人意识。

对于想从事纺织品设计的人们，你有什么建议吗？

不要认为自己只是单一学科领域的创作者。你做事的方法可以多种多样，你可以尝试很多事情，但不要因为做过的事情而后悔，要乐于尝试新事物并从实践中获得学习的机会。

作为一个织布者，我从训练中得到极大的提高。目前，我个人发展顺利，事业有成，这可能是我最引以为豪的事情。我已不仅仅是一个织布者。当然，我知故我在！

25

"展示就是一切。"

罗杰·格里菲斯
（Roger Griffiths）

1

附录：

如何展示你的调研

　　一旦调研完成，就需要为展示做好准备，其原因很多。例如，有时为了一门课程或设计工作，会进行相关的评估或会谈，这个时候你就需要向他人展示调查研究，或者根据调查研究更新你的作品集。对设计师而言，需要具备一定的示范展示能力、视觉传达与口头表达能力，这些都至关重要。

　　当你为展示作品进行相关准备时，其实这也是对已完成工作的一次检查机会，你可以审视所取得的成果，思考接下来应当开展的工作，同时学习作品视觉展示技术与陈述技巧。

1
　　这张照片展示的是学生创作的纺织服饰品，其穿着方式通过模特的演示一目了然。

一旦你的调研完成，你就需要选择最能代表你的设计能力与思路的重要内容进行展示。

视觉展示，从本质上讲，就是准备好你的作品向他人呈现。这样做的原因可能是为了一个采访、一门课程、一个模块评估、一次导师和同行的审核，或者仅仅为了更新你的作品集。当然更新作品集的时候，你可能还需要更新简历或履历。在你进行实践时，请做好记录、保存相关文件，可以是文字形式，也可以是图片形式，这非常重要。如果你从一开始就着手做这项工作，则会更加轻松。你可能需要在很短的时间内展示介绍你的作品，适当的准备工作可以为你节约大量的时间。最终，你将积累大量信息——包含文字与图片两种形式，这将有助于你有效应对各种情况。

什么是作品集？

作品集中通常汇集了大量的视觉作品，反映了设计师的设计水平。在你的作品集中，应呈现你最优秀的作品，展示你解决设计问题的方法，表现你的绘画技巧与思考能力。可以将速写本和笔记本中的内容放入作品集中，从而使潜在客户或者导师了解你解决问题的方法与设计思路。并不是每一件作品都要全部完成，成为成品。你的作品集代表了你——请确保作品集从内到外都能很好地反映你的设计水平。请不要将你原本富有创意的作品排列得混乱老套，那会显得非常不专业。如果作品集中的内容稍显不整齐，就请重新排列你的作品。

你的作品集可以装在大而平整的文件夹内，适合夹带大量的单页纸。这种文件夹可以在很多艺术品商店中买到，尺寸多样，从 A1 到 A4 的规格都有。在初始阶段，你可以选择 A1 或 A2 大小的作品集。

2
这是一个学生制作的灵感板，通过照片、绘画和文字来讲述故事。

Inspiration （灵感）

falling bits

fragile

conservation of nature

During the drawing week I found a plant in the Botanical Garden which looked magical in the sunshine and inspired me. The falling bits of the plant for me symbolise the fragility of nature and it made me think about how much harm we cause for the planet in these modern years. I used my photographs as a first step to find my colour palette and to get me thinking. I froze some bits of different plants and as a result I got new compositions, forms and pattern. During this project I tried to translate the messages of this plant into fabric.

When I started my research for the context of the outcomes I was looking for lights, transparency and airiness. I didn't make any decisions about the final pieces in terms of whether they should be fashion related or interiors. I think it was a good idea because my outcomes ended up very different so I would use them in very different contexts.

Then I started to draw from my photographs using different materials and techniques. I think I discovered my subject quite fully but I would do it in a very different way if I could start it again. I think I have to make more decisions during the development process mainly about my colour palette but also about the atmosphere I want to achieve. I don't feel there's a strong link between the different pages in my sketchbook, I had so many different ideas but I didn't take the time to discover one of them in depth.

I finally choose a painting from my sketchbook as main inspiration for textiles in practice and I picked up other bits from different designs. So I got my colour palette sorted and I used a combination of bubbles and lines. I think my final pieces turned out to be quite successful in terms of translating my subject but obviously I wasn't familiar enough with the techniques. I also liable to overdo things which was my major problem during the mixed media week. I had to learn how to keep my samples simple and keep them related to my subject. I'm not sure if that week was a big success for me.

Knitting was very different because I know only a couple techniques so I couldn't overdo things. I learned how not to use certain materials like mohair and how to do fully-fashioned shaping. My difficulty during that week was using the knitting machine properly. I have ladders in all of my samples and I couldn't figure it out what causes them. I think I just have to practise more. Apart from that I'm quite happy with my final samples and I can't wait to learn more about knitting.

The print week was very interesting because we learnt a lot of new techniques and I tried to use them all in my samples. I hand painted one of them, I used monoprinting on another and I used the discharger onto a top of a 'sponge painted' one with my screen what we made earlier. I also mixed up my first acid dyes which wasn't a big success at first but I corrected them with the readymade ones in the print room. Next time if I want pale colours I will use much less dye powder to get the right colours so I won't need manutex and water to make them paler.

Although I'm not completely satisfied with my work during this semester I learned a lot about sketchbook work, new techniques and how to present my work.

2

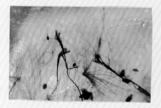

fo·cus (fks)
n. pl. fo·cus·es or fo·ci (-s, -k)
1.
a. A point at which rays of light or other radiation converge or from which they appear to
diverge, as after refraction or reflection in an optical system: the focus of a lens. Also called
focal point.
b. See focal length.
2.
a. The distinctness or clarity of an image rendered by an optical system.
b. The state of maximum distinctness or clarity of such an image: in focus; out of focus.
c. An apparatus used to adjust the focal length of an optical system in order to make an
image distinct or clear: a camera with automatic focus.
3. A center of interest or activity. See Synonyms at center.
4. Close or narrow attention; concentration: "He was forever taken aback by [New
York's] pervasive atmosphere of purposefulness the tight focus of its drivers, the brisk intensity
of its pedestrians" (Anne Tyler).
5. A condition in which something can be clearly apprehended or perceived: couldn't get the
problem into focus.
6. Pathology The region of a localized bodily infection or disease.
7. Geology The point of origin of an earthquake.
8. Mathematics A fixed point whose relationship with a directrix determines a conic section.
v. fo·cused or fo·cussed, fo·cus·ing or fo·cus·sing, fo·cus·es or fo·cus·ses
v.tr.
1. To cause (light rays, for example) to converge on or toward a central point; concentrate.
2.
a. To render (an object or image) in clear outline or sharp detail by adjustment
of one's vision or an optical device; bring into focus.
b. To adjust (a lens, for example) to produce a clear image.
3. To direct toward a particular point or purpose: focused all their attention on finding a
solution to the problem.
v.intr.
1. To converge on or toward a central point of focus; be focused.
2. To adjust one's vision or an optical device so as to render a clear, distinct image.
3. To concentrate attention or energy: a campaign that focused on economic issues.

3　这是学生制作的展示板，
上面注释有文字，文字是一种
有效的设计和沟通工具。

展示板

展示你的作品，本质上是将你的绘画、灵感、照片和其他作品装裱在展示板上。展示板的大小取决于你所装裱的作品的大小及数量。如果可能，尽可能使装裱在展示板上的各个作品在重量和尺寸上达到协调、一致，且作品呈现得整洁、易读、易看。请记住，展示板是用来沟通、交流的。因此，要确保装裱简单。通常选用白色的卡纸，除非你确实需要其他颜色，例如，你的作品的主色调是白色或者作品全是白色，那么你的确需要用其他颜色进行对比。通过展示，作品可以向读者传递其内涵，作品的陈列摆放则不能过于凌乱。应选择质量上乘的白色图画纸或白色薄卡纸。展示板的品质越好，作品看上去也越好，但是没有必要使用最昂贵的纸！也不要选择非常厚重的展示板，因为你可能需要携带装裱了大量作品的作品集，这一点你必须记住！

在白色图画纸或白色薄卡纸上装裱时，先不要把作品粘贴牢固，而是将你的作品放置在展示板上，使其可以移动。对于自己收集的图像资料，一定要认真思考装裱在展示板上的位置。通常是从中心开始，用铅笔和尺子标出你确定的作品最终位置，确保一切陈列整齐。如果要在展示板上放入文字，请确保字体字号恰当合适，文字不能喧宾夺主，使作品黯然失色。

你可以选用固定喷雾剂或胶带（双面胶或胶纸），将作品固定在展示板上。固定喷雾剂具有明显的优点，当需改变作品的位置时，如果使用固定喷雾剂，则很容易移动作品。但是需要注意，喷雾的地方应通风良好，且操作时要小心。相关院校通常会在校园里设定一个专门的区域进行此项操作，而禁止在其他区域操作。如果使用双面胶，也能轻易移动作品，变换展示的位置。但要确保展示板的正面没有露出双面胶或胶纸。

使用木炭、粉笔、蜡笔或者软芯铅笔绘制的作品，都需要进行定色处理，防止弄脏。使用固体胶或者气溶剂都可以达到这个目的，操作时一定要在通风良好的地方。完成后，如果有必要，可以在展示板上放一张白色薄纸，以防蹭脏其他展示板。

4

情绪 / 故事板

　　在调研过程中，设计师会收集激发其设计灵感的视觉图像素材，并以情绪板和故事板为载体，对素材进行呈现，我们通过情绪板和故事板，就能对相关信息有所了解。视觉图像素材涉及照片、剪报、色彩、纹理、图案，还可能包括面料、纱线与配件。制作情绪板的法则是——随心所欲，想怎么样都行。但要注意，情绪板必须清晰地表达一种情绪或者阐述一个故事，不一定要表现设计的相关细节，而是要作为灵感板，从特定主题、图案或色彩搭配等出发，促使设计师开始设计。

4

　　这里展示的是学生制作的情绪板，集绘画、时尚图片和纺织样品于一体，阐述了作品设计。

5

　　图中展示有作品与照片，作品选自安·玛丽·福克纳（Ann Marie Faulkner）的年末系列作品。照片则演示了纺织服装的穿着方式，请特别关注如何将此类照片与纺织品组合在一起。

5

Machine knitted with wire, monofilament and lambswool inside to add interest to tubes.

Knitted tube 2
Hand knitted using a circular needle.

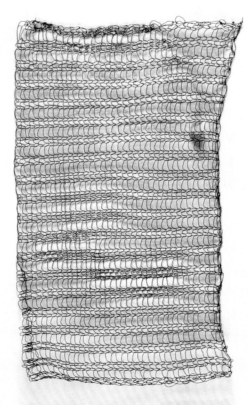

Knitted tube 3
Hand knitted with wire. More organic feel to the tubes.

Wire frame background.

These three samples are ideas on how to link the tubes to the frame.

Manually stitching the wire tubes onto frame.

Making sock heels with lambswool onto a wire background, felting the lambswool and cutting the top off to make a tube.

Casting on a few needles onto the wire and knitting the lambswool onto it.

6

人们越来越多地运用计算机辅助设计（CAD）作为展示的工具。借助计算机辅助设计，可以很好地进行展示，而且展示类型多种多样。可以对作品拍照，或者直接将作品扫描到电脑中，然后通过电脑进行相关处理。你可以展示不同色彩与大小的变化，也可以展示如何在视觉调研素材的基础上创造新图案或者重复图案。此外，你还可以直接在图像或绘画作品上增加文字。

当处理好文件后，请用彩色打印机打印在高品质的照相纸或打印纸上，以便后续粘贴装裱。有时候，为了找工作或大学申请，我们将需要递交存有作品文件的光盘。针对这种情况，请确保保存的图像一定是高质量的（分辨率约为 300 像素），切记要根据自己的名字和特定的顺序来命名作品并保存，以便于确保其他浏览者能按正确的顺序检索、查看作品。

PowerPoint 软件

在向他人展示作品并进行相关讨论时，通常使用微软公司的演示文稿软件 PowerPoint（简称 PPT）。从设计上讲，利用该软件具有一定的挑战性。你制作 PPT 文件时，其整体风格需要体现个人特色，同时还要尽可能完美地展示作品。小心，千万不要被软件里的应用特效和预设模板所震慑住，其实这些都很少适用于艺术设计。制作 PPT 文件应尽量简单化。记住，这样的规则同样适合展示板的制作。

PPT 文件中会有若干幻灯片，因此要计划好每张幻灯片的内容，设计一些言简意赅的文字注释从而展开讨论，请尽量不要按照幻灯片的文字读。记住，你需要与观众交谈，要融入他们，看着他们！通过观察他人，你会意识到什么样的作品更适合他们。最后，应记住不能超过规定的时间，可以事先进行排练、演习。在本书第 166、167 页上，会深入探讨口头陈述。

网站

大部分纺织品设计师都会有网上宣传或在线业务，有些是在自己的个人网站上，有些则是在集体网站上。目前，许多学生在学习设计课程之初，就开始建立自己的网站。很早就考虑这个问题对个人很有帮助，可以有充足的时间去改进方法，探索最适合自己发展的道路。目前，域名（网址）变得越来越唾手可及，其注册费用不是很高，能够负担，网站设计也越来越人性化。此外，博客和社交网络也为设计师提供了很多便利与机会，如：展示作品、发表评论、收集他人感受以及获取反馈意见等。

6
可以对展示板进行拍照，然后将照片储存在 CD 光盘或其他数字载体中。这里展示的是学生的作品，具有明显的织物结构组织，在电脑上可以很好地进行展示。

视觉展示作品需要一系列的技能，而讨论和陈述作品则需要其他技能，两类技能截然不同。许多设计师不喜欢和观众讨论自己的理念，并对此多多少少有一些苦恼。记住，你并不孤单！能够向观众清晰地介绍你的作品，表达自己的观点与理念，这是非常重要的技能，你会发现，这种技能可以运用于其他情景中，并让自己受用终身。当然，这种技能可以通过学习而获取，这就需要计划、充足的准备以及实践，而这样做也有助于建立自己的自信。

科学技术应用

当陈述作品时，可以借助一些科学技术，比如电脑技术，但有些人会感到紧张，尤其是第一次的时候。请提前检查，确保技术上一切正常。关于每一张电脑幻灯片，你一定要明确阐述的内容，并注意不要超出规定的时间。

7
在这张图片中，一个学生正在展示与陈述自己的速写作品。

8
这是学生贴在展示板上的作品，显而易见，学生对作品的布局与构成进行了深入思考，并取得了较好的展示效果。

作者提示

无论是外表还是行为，都要表现得很专业，让每个人都信服你所说的话。

确保每一个人都能听到你的陈述。

注视他人，用眼神进行交流，确保你与每一个人都在沟通。

你需要介绍自己吗？人人都知道你是谁吗？

当开始工作时，一定要积极投入。

当陈述时，一定要知道规定的时长。

不要用笔记本，而是用小卡片，可以拿在手中，上面写好各种有用的提示语。

记住，你比他人都要了解你的作品。

最后，一定要询问他人是否还有问题。

Development

8

　　本书内容基于我们的设计实践与教学实践，通过本书，我们旨在提供你需要的信息和技术，以便顺利开展纺织品调研工作。在书中，我们探讨了基本的调研方法与技术，你可以将其运用到自己的工作中。我们期待你在运用时更具创意性和实验性，并形成自己独特的设计语言。

　　设计师应当尝试新兴的媒介材料，运用各种绘画方法和视觉化技巧，不断挑战自我，突破设计能力，这非常重要。经过一段时间的磨炼与积累，你的信心将大大增强，作为一位设计师，你会发现自己在专业领域中有更大的提升空间。纺织品设计是一个不断发展变化的设计学科，其产品日新月异。一个优秀的设计师应当充满活力，从周围的世界捕捉灵感，并不断探索新领域，挑战纺织品设计的现有观念。

　　不要害怕犯错误！设计师应当从错误中汲取经验，促进创意设计实践。许多设计师发现，错误可以成为新作品的灵感源和创作动力。

　　本书旨在开启你的设计探索之旅，通过本书，你可以了解新观点，学习新技术与新知识，从而激发设计灵感，促进纺织品设计的相关工作。我们祝愿你在事业上一切顺利，并为自己的成就而欢欣鼓舞。

1
这是由艾米·贝尼设计的数码花卉图案。

1

针对书中提及的一些专业术语，这里进行了简明介绍。

ABSTRACT　An idea or concept not based on reality.

AESTHETIC　Refers to the quality and visual appearance of an object or design.

CAMOUFLAGE　A pattern or design that blends into the environment.

COMMERCIAL　Design work specifically aimed at the mass market.

COMMISSIONED　The purchase of a piece of work developed for a specific client or location.

COMPOSITION　The organization of visual elements within a specified area.

COMPUTER-AIDED DESIGN (CAD)　The use of computer technology for the process of design.

CONCEPTUAL　An idea which focuses on meaning as the main driving force.

CONTEMPORARY　Modern and part of the present day.

CONTEXTUAL   Refers to information about the users of a design or product.

CRAFT   Creative practices defined either by their relationship to functional or utilitarian products, or by their knowledge and use of traditional and new media.

FORECASTING   The process of predicting what the future will look like.

PALETTE   A group of colours selected to work together.

PATTERN   Decorative forms found in nature, science and art.

PRIMARY SOURCE   Original material or evidence created by the person sourcing the information.

PROJECT BRIEF   Provides the foundation for the start of a project.

MIXED MEDIA   The use of more than one medium.

MOOD BOARDS   A visual presentation that may consist of images, text and samples used to develop design concepts and to communicate ideas to others.

MOTIF   A repeating theme or pattern.

NARRATIVE   A story or a series of events.

REPEAT   An image or motif that recurs.

SENSORY   Relates to the senses of touch, smell, taste, hearing and seeing.

SECONDARY SOURCE   Information that has been presented elsewhere.

SWATCHES   Small pieces of fabric used as an example of a design.

VISUAL LANGUAGE   The method of communicating visual elements.

SUSTAINABILITY   Refers to the long-term maintenance of the environment, society and the economy.

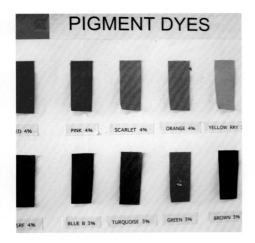

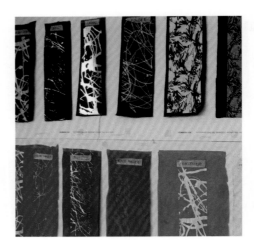

推荐书目

Black S. (ed) 2006. *Fashioning Fabrics: Contemporary Textiles in Fashion.* London: Black Dog Publishing

Blechman H. and Newman A. 2004. *Disruptive Pattern Material: An Encyclopaedia of Camouflage.* London: Firefly Books

Bowles M. and Isaac C. 2009. *Digital Textile Design* (Portfolio Skills). London: Laurence King

Braddock S. E. and O'Mahony M. 1999. *Techno Textiles: Revolutionary fabrics for fashion and design.* London: Thames & Hudson

Braddock S. E. and O'Mahony M. 2005. *Techno Textiles 2: Revolutionary fabrics for fashion and design* (2nd ed). London: Thames & Hudson

Brereton R. 2009. *Sketchbooks: The Hidden Art of Designers, Illustrators and Creatives.* London: Laurence King

Clark S. 2011. *Textile Design* (Portfolio series). London: Laurence King

Colchester C. 2007. *Textiles Today: A Global Survey of Trends and Traditions.* London: Thames & Hudson

Cole D. 2007. *Patterns: New Surface Design.* London: Laurence King

Cole D. 2010. *Textiles Now.* London: Laurence King

Darwent C., MacFarlane K., Stout K. and Kovats T. (eds) 2005. *The Drawing Book: A Survey of Drawing – The Primary Means of Expression.* London: Black Dog Publishing

Fletcher K. 2008. *Sustainable Fashion and Textiles: Design Journeys.* Abingdon: Earthscan

Genders C. 2009. *Pattern, Colour and Form: Creative Approaches by Artists.* London: A&C Black

Greenlees K. 2005. *Creating Sketchbooks for Embroiderers and Textile Artists.* London: Batsford

Grey M. 2008. *Textile Translations: Mixed Media.* Middlesex: D4daisy books

Hedley G. 2010. *Drawn to Stitch: Line, Drawing and Mark-Making in Textile Art.* Loveland, CO: Interweave Press

Hornung D. 2004. *Colour: A Workshop Approach.* London: McGraw-Hill

Jones O. 2001. *The Grammar of Ornament.* Deutsch Press

Juracek J.A. 2002. *Natural Surfaces: Visual Research for Artists, Architects and Designers.* London: WW Norton & Company

Lee R. 2008. *Contemporary Knitting: For Textile Artists.* London: Batsford

Legrand C. 2008. *Textiles: A World Tour: Discovering Traditional Fabrics and Patterns.* London: Thames & Hudson

Lewis G. 2009. *2000 Colour Combinations: For Graphic, Textile and Craft Designers.* London: Batsford

McFadden D. R., Scanlan J. and Edwards J.S. 2007. *Radical Lace and Subversive Knitting.* New York: Museum of Arts & Design

McQuaid M. and McCarty C. 1999. *Structure and Surface: Contemporary Japanese Textiles.* New York: Museum of Modern Art

Meller S. and Elffers J. 2002. *Textile Designs: Two Hundred Years of European and American Patterns Organized by Motif, Style, Color, Layout and Period.* London: Thames & Hudson

Oei L. and De Kegel C. 2008. *The Elements of Design: Rediscovering Colours, Textures, Forms and Shapes.* London: Thames & Hudson

O'Neil P. 2008. *Surfaces and Textures: A Visual Sourcebook.* London: A&C Black

Quinn B. 2009. *Textile Designers at the Cutting Edge.* London: Laurence King

Renshaw L. 2010. *Mixed-Media and Found Materials* (Textiles Handbooks) London: A&C Black

Scott J. 2003. *Textile Perspectives in Mixed-Media Sculpture.* Marlborough: Crowood Press

Sudo K. and Birnbaum A. 1997. *Boro Boro.* Tokyo: Nuno Corporation Books

Sudo K. and Birnbaum A. 1998. *Fuwa Fuwa.* Tokyo: Nuno Corporation Books

Sudo K. and Birnbaum A. 1999. *Kira Kira.* Tokyo: Nuno Corporation Books

Sudo K. and Birnbaum A. 1999. *Shim Jimi.* Tokyo: Nuno Corporation Books

Sudo K. and Birnbaum A. 1997. *Suké Suké.* Tokyo: Nuno Corporation Books

Sudo K. and Birnbaum A. 1999. *Zawa Zawa.* Tokyo: Nuno Corporation Books

Tellier-Loumagne F. 2005. *The Art of Knitting: Inspirational Stitches, Textures and Surfaces.* London: Thames & Hudson

Thittichai K. 2009. *Experimental Textiles: A Journey Through Design, Interpretation and Inspiration.* London: Batsford

博物馆

Victoria and Albert Museum (V&A)
Cromwell Road
South Kensington
London
SW7 2RL
London
UK
www.vam.ac.uk

The Fashion & Textile Museum
83 Bermondsey Street
London
SE1 3XF
UK
www.ftmlondon.org

Design Museum
Shad Thames
City of London
SE1 2YD
UK
www.designmuseum.org

Textiel Museum
Goirkestraat 96
5046 GN Tilburg
Netherlands
www.textielmuseum.nl

Musée des Arts décoratifs
Musée des Arts de la mode
et du textile
107 rue de rivoli
75001 Paris
France
www.ucad.fr

Cooper-Hewitt, National Design
Museum
2 East 91st Street
New York, NY 10128
USA
www.cooperhewitt.org

Fashion Institute of Technology
7th Ave & W 27th St
New York, NY 10001
USA
www.fitnyc.edu

Galleries and Open Studios
Contemporary Applied Arts
CAA Gallery
2 Percy Street
London
W1T 1DD
UK
www.caa.org.uk

Gabriel's Wharf
56 Upper Ground
London
SE1 9PP
UK
www.coinstreet.org

Oxo Tower Wharf
Bargehouse Street
South Bank
London
SE1 9PH
UK
www.coinstreet.org

The Scottish Gallery
16 Dundas Street
Edinburgh
EH3 6HZ
UK
www.scottish-gallery.co.uk

出版物和杂志

10

Another Magazine

Bloom

Blueprint

Dazed & Confused

Elle

Elle Decoration

Fibrearts

Frieze

i-D

Issue One

Lula

Marie Claire

Marmalade

Nylon

Selvedge

Tank

Textile Forum

Textile View

View on Colour

Viewpoint

Vogue

网站

www.newdesigners.com

www.originuk.org

www.100percentdesign.co.uk

www.premierevision.fr

www.pittimmagine.com

www.texi.org

www.craftscouncil.org.uk

www.designcouncil.org.uk

www.embroiderersguild.com

www.etn-net.org

致谢

感谢为本书慷慨资助和做出贡献的人士，特别感谢玛丽安·博尔（Marian Ball）、约翰娜·贝斯福德、丽贝卡·布莱克（Rebecca Black）、J.R. 坎贝尔、佩塔·卡琳（Peta Carling）、詹姆斯·唐纳德、贝基·厄尔利、卡林·爱德华、安·玛丽·福克纳、马尔科姆·芬妮（Malcolm Finnie）、琳达·弗洛伦斯、蒂姆·格雷萨姆、安加拉德·迈凯伦、李·米切尔（Lee Mitchell）、东京时装学院的瑞·尼尔（Rie Nil），三宅一生工作室的扇谷佐和子（Sawako Ogitani）、露西·奥塔、弗雷迪·罗宾斯、艾伦·肖（Alan Shaw）、蒂姆鲁斯·贝斯特斯、唐娜·威尔逊。

同时还要感谢往届与在读的学生，他们提供了大量灵感并且允许在书中使用其作品图片。我们尤其要感谢黛安·艾伦（Diane Allen）、艾米·贝尼、凯瑟琳·布鲁内（Catherine Brunet）、凯蒂·伯彻尔（Katy Birchall）、劳拉·卡明（Laura Cumming）、科斯蒂·芬顿（Kirsty Fenton）、卡丽·弗格森、克莱尔·安妮·格兰特（Claire Anne Grant）、莎拉·格林伍德（Sara Greenwood）、雷切尔·哈顿、塔卡·赫斯（Tarka Heath）、亚历山德拉·赫尔尼克（Alexandra Hornyik）、康妮·卢（Connie Lou）、莎拉·米切尔（Sarah Mitchell）、科斯蒂·马歇尔（Kirsty Marshall）、塞丽娜·奎格利（Serena Quigley）、露西·罗伯森（Lucy Robertson）、安娜·塞普辛斯基（Anna Rzepczynski）、朱迪·斯科特（Judy Scott）、凯伦·斯图尔特（Karen Stewart）、莎拉·斯图尔特（Sarah Stewart）、斯蒂芬妮·苏拉夫斯基。

此外，还要感谢出版商乔·霍尔顿（Jo Horton）、汤姆·恩布尔顿（Tom Embleton）和伯·布雷达（Bo Breda）。

图片出处

对本书所采用的图片，笔者已尽力取得版权者的许可并注明，然而，如果存在有图片被无意间忽略的问题，作者将尽力在今后的修订版本中进行补充、修改。